Spuren suchen –
Landschaften entdecken

Ulrich Sebastian

MITTELSACHSEN

Geologische Exkursionen

Klett PERTHES

Die Deutsche Bibliothek – CIP-Einheitsaufnahme
Mittelsachsen: geologische Exkursionen/Sebastian Ulrich. –
Gotha; Stuttgart: Klett-Perthes, 2001
ISBN 3-623-00640-8

Anschrift des Autors:
Dr. Ulrich Sebastian
Poststraße 16
09599 Freiberg

Titelfoto und Fotos:
Dr. Ulrich Sebastian

Routenkarten und Grafiken:
Dr. Ulrich Sebastian

Kartographie:
Klett-Perthes

ISBN 3-623-00640-8
1. Auflage

Druck und buchbinderische Verarbeitung:
Salzland Druck & Verlag, Staßfurt
Einbandgestaltung, Herstellung und Lektorat:
Ulrike Glauner, Sylvia Pietsch, Dr. Klaus-Peter Herr

http://www.klett-verlag.de/klett-perthes

Inhalt

Anhang

Thematisches Register „Allgemeine Geologie“

Literatur 181

Alphabetisches Register 183

Vorwort

Mit dem vorliegenden geologischen Exkursionsführer soll das Gebiet Sachsens nicht mit einem gleichmäßigen Netz geologischer Touren überzogen werden. Vielmehr ist eine Anzahl von Exkursionsrouten ausgesucht worden, die sich durch ihren vorzüglichen didaktischen Wert auszeichnen. Dabei sollten diese Exkursionen zentral gelegen und für alle Sachsen und Gäste des Freistaates in gleichem Maße erreichbar sein. Die bevorzugte Lage der Aufschlüsse zwischen Dresden und Chemnitz ist damit erwünscht, jedoch auch von den Aufschlussverhältnissen geprägt. Hier verlassen eine große Anzahl Flüsse das Mittelgebirge, die an ihren Flussufern vielfältige geologische Formationen anschneiden.

Die zentrale Lage der Bergstadt Freiberg im Exkursionsprogramm ist nicht ganz zufällig. An der TU Bergakademie Freiberg werden Studenten im Fach Geologie und weiteren geowissenschaftlichen Studiengängen wie Geoökologie, Mineralogie oder Geophysik ausgebildet. Hinzu kommen die Schüler der Fachschule für Technik in Freiberg, die als Geologietechniker oder Bohrtechniker in kleineren Gruppen jährlich die Schule verlassen. Allen gemeinsam ist ein Grundlagenstudium mit „Allgemeiner Geologie“ als Lehrfach und dem Bedürfnis, Gelerntes im Feld selbst beobachten zu können.

Ungezählt sind die vielen geologisch Interessierten, ob beruflich „vorbelastet“ (Geographielehrer), in Verbänden organisiert (eingetragene Vereine) oder „Gelegenheitsgeologen“ (Urlauber und Steinesammler).

Wissenschaftler aus allen Teilen Deutschlands und der Welt stürmen die metamorphen Gesteine des Erz- und Granulitgebirges. Unzählige wissenschaftliche Exkursionsführer sind, häufig in Englisch, erschienen.

Geradezu erstaunlich ist der Umstand, dass, abgesehen von einigen internen Lehrmaterialien, kein moderner Exkursionsführer existiert, der zugeschnitten ist für den Laien und den Anfänger der Geologie. Mit dem vorliegenden Buch soll dieser Tatsache Rechnung getragen werden.

Die Konzeption des Buches gestattet unterschiedliche Herangehensweisen, je nach Ambition des Lesers.

Natürlich ist es möglich, den Exkursionsführer von vorn nach hinten „abzuarbeiten“. Für diesen Fall sind die Exkursionen nach ihrem Schwierigkeitsgrad sortiert und entsprechend fallen die Erläuterungen und didaktischen Aufarbeitungen aus. Die ersten Exkursionen werden in einem stärkeren Maße geleitet und Begriffe ausführlicher erläutert. Jede Exkursion baut auf den davorliegenden auf, der fachliche Anspruch steigt. Der Exkursionsführer stellt damit einen Begleiter durch das Gebiet der Allgemeinen Geologie dar.

Eine andere Blickrichtung zur Benutzung des Buches ist die Regionale Geologie des Gebietes. Für den heimatkundlich Interessierten steht die erdgeschichtliche Betrachtung im Vordergrund. Auch unter diesem Aspekt sind die Exkursionen aufeinander abgestimmt. Ein knapper, aber (hoffentlich) instruktiver Abriss der geologischen Geschichte Sachsens ist den Exkursionen vorangestellt.

Daneben soll das Buch allen Fortgeschrittenen (oder Profis) Nachschlagewerk sein.

Als Begleitung der Lehrveranstaltungen „Allgemeine Geologie“, „Historische Geologie“ und „Petrographie“ an Hoch- und Fachschule, aber natürlich auch dem Laien sind die umfangreichen Register beigefügt. Schnell ist auf diese Weise derjenige Aufschluss im Zentrum Sachsens bzw. in der Nähe Freibergs gefunden, der beispielsweise einen Granit, einen Sandstein, eine Diskordanz oder die Ablagerungen der Kreidezeit zeigt. Damit bietet das Buch die Möglichkeit der individuellen Gestaltung der nächsten Freistunde oder des Feierabends.

Die Exkursion zur Angewandten Geologie ist auf Ratschlag des Verlages entstanden. Nach anfänglicher Skepsis, bin ich nach Fertigstellung des Manuskripts jedoch der Meinung, dass erst dieses Kapitel den Exkursionsführer richtig abrundet. Hier wird derjenige bedient, dem die, von der Praxis losgelöste Naturwissenschaft nicht genügt. Diese Exkursion schlägt somit die Brücke zum Anwender und vielleicht hilft sie, die allgemeine Akzeptanz der Geologie zu fördern.

Selbstverständlich soll mit diesem Führer nicht nur der „Zentral“-Sachse und der Freiberger Student angesprochen werden. Das hier ausgesuchte Gebiet eignet sich für Tagesausflüge von Dresden, Chemnitz oder Leipzig aus. Und sicher kommen viele Touristen auch mit naturwissenschaftlichem Interesse ins Erzgebirge.

Möge dementsprechend jeder Leser seinen eigenen Nutzen aus dem Buch ziehen und vor allem viel Spaß im Gelände haben!

Ich danke an erster Stelle Prof. J. Wienholz, der leider zu früh starb, aber von dem die ursprüngliche Idee ausging ein Exkursions-Nachschlagewerk „Geologie“ anzufertigen.

Dank geht an meinen Doktorvater Prof. J. Hofmann, der mir immer mit Rat zur Seite stand und das Manuskript durchlas. Als nächstes danke ich den Schülern der Fachschule für Technik am BSZ „J. Weisbach“, die in den letzten Jahren als Versuchskaninchen auf Exkursionen herhalten mussten.

Viele weitere waren bei der technischen Unterstützung dabei, haben Teile des Manuskripts gelesen oder gaben moralische Hilfe. Dank vor allem an Susi Holzhey, Uwe Kroner, Gerd Lotzwick, Prof. Jogi Schneider und Silke Voigt.

Schließlich danke ich dem Verlag, der die üppige Ausstattung des Buches ermöglichte – allen voran Frau Glauner, Frau Pietsch und Herrn Dr. Herr.

Noch ein paar Worte zur Benutzung des Exkursionsführers:
Für jeden Geländeaufenthalt lohnt es sich, entsprechendes Kartenmaterial zu besorgen. Die zutreffenden geologischen und topographischen Werke sind in allen Exkursionen mit aufgeführt. Um Missverständnisse in den Kartenskizzen auszuschließen, wurden alle Aufschlüsse mit Gauß-Krüger-Koordinaten versehen. Wer im Besitz eines GPS ist, kann sich also zu den Aufschlüssen führen lassen.

Nach bestem Wissen und Gewissen wurden alle Aufschlüsse so ausgewählt, dass kein Privatgrundstück betreten werden muss. In Betrieb befindliche Steinbrüche und Gruben wurden ebenfalls herausgehalten um lange Anmeldungsfristen zu Gunsten einer spontanen Exkursionsgestaltung zu vermeiden. Allerdings werden zunehmend mehr Aufschlüsse unter Naturschutz gestellt, was häufig dem Verzicht auf Hämmern gleichkommt.

Ulrich Sebastian

LEIPZIG
Muldentalkreis
W.-Luppa
Collmberg
314
OSCHATZ
Döllnitz
TREBSEN
Wermsdorf
NAUNHOF
Parthe
NERCHAU
MUTZSCHEN
MÜGELN
Belgershain
GRIMMA
Gösel
Großbardau
RÖTHA
Espenhain
Mulde
Ostrau
Jahna
Großbothen
Neu-
kieritzsch
KITZSCHER
Freiberger Mulde
Großweitzschen
BAD LAUSICK
LEISNIG
Döbeln
BORNA
COLDITZ
REGIS-
BREITINGEN
E.-Prießnitz
HARTHA
DÖBELN
Eulatal
GERINGSWALDE
WALDHEIM
Wyhra
FROHBURG
GEITHAIN
ROCHLITZ
KOHREN-
SAHLIS
Rochlitzer Berg
353
Talsperre
Kriebstein
Tiefen
Windisch-
leuba
Mittweida
Wechselburg
Zwickauer Mulde
Nobitz
MITTWEIDA
ALTENBURG
Königshain-
-Wiederau
Chemnitz
HAINI
Langenleuba-
Niederhain
LUNZENAU
Altmittweida
Zschopau
Großstöbnitz
PENIG
Claußnitz
BURGSTÄDT
FRANKENBERG
GÖSSNITZ
Hartmannsdorf
WALDENBURG
LIMBACH-
OBERFROHNA
Ponitz
MEERANE
Remse
FLÖHA
Nieder-
wiesa
Chemnitzer Land
CHEMNITZ
CRIMMITSCHAU
HOHENSTEIN-
ERNSTTHAL
Au.-
Erdmannsdorf
AUGUSTU
GLAUCHAU
St. Egidien
Wüstenbrand
Flöha
Neukirchen
ZW.-
MOSEL
M.-Thurm
Gersdorf
OBER-
LUNGWITZ
Neukirchen
ZSCHOPAU
Würschnitz
WERDAU
MÜLSEN
LICHTENSTEIN
LUGAU
Burkhardtsdorf
Pleiße
OELSNITZ
Stollberg
LENGEFE
ZWICKAU
Scharfenstein
Gelenau
Lichtentanne
STOLLBERG
THALHEIM
Erzgebi
WILDENFELS
THUM
WILKAU-
HASSLAU
HARTENSTEIN
Zwönitz
WOLKENSTEIN
MARIEN
EHREN-
FRIEDERSDORF
KIRCHBERG
LÖSSNITZ
ZWÖNITZ
Schlema
GEYER
Preßnitz
SCHNEEBERG
AUE
ANNABERG-
BUCHHOLZ
Bernsbach
Pöhlberg
831
Reit
GRÜNHAIN
ELTERLEIN
Aue
SCHLETTAU
RODEWISCH
LAUTER
Markersbach
Annaberg
AUERBACH
Talsperre
Eibenstock
SCHWARZEN-
BERG
SCHEIBENBERG
JÖHSTADT
Schönheide
Raschau
S.
Cranzahl
Bärenstein
Crottendorf
Zwickauer Mulde
EIBENSTOCK
Sosa
Sehma-
tal
WEIPERT
VEJPRTY
Schwarzenberg
Zschopau
Auersberg
1018
107
6
2
169
14
95
176
175
176
175
169
107
95
7
93
7
175
175
95
107
4
169
180
180
175
95
169
173
93
4
180
173
174
180
169
95
173
180
180
72
169
171
93
95
174
101
94
169
283
101

EXKURSIONSGEBIET
Elbe
Nünchritz
Schönfeld
GROSSENHAIN
Kamenz
KAMENZ
KAMJENC
RIESA
KÖNIGSBRÜCK
Bischheim-Häslich
ELSTRA
Gersdorf-Möhrsdorf
Zehren
Diera
RADEBURG
Niederau
Ottendorf-Okrilla
MEISSEN
Weinböhla
Pulsnitz
Moritzburg
COSWIG
Weixdorf
GROSSRÖHRSDORF
Bretnig-Hauswalde
RADEBEUL
DR.-KLOTZSCHE
RADEBERG
Großharthau
Arnsdorf
Meißen
Taubenheim
Triebisch
WILSDRUFF
DRESDEN
STOLPEN
Dürrröhrsdorf-Dittersbach
SIEBENLEHN
FREITAL
Mohorn
THARANDT
Bannewitz
Wesenitz
Bobritzsch
Großschirma
RABENAU
B.-Possendorf
Lohmen
STADT WEHLEN
HEIDENAU
DOHNA
PIRNA
Kreischa
Lilienstein
412
FREIBERG
Klingenberg
Weißeritz-
Talsperre Malter
DIPPOLDISWALDE
Königstein
359
KÖNIGSTEIN
Bobritzsch
Dl.-REICHSTÄDT
Reinhardtsgrimma
LIEBSTADT
BERGGIESSHÜBEL
Weißenborn
Pretzschendorf
Wilde Weißeritz
Schmiedeberg
GLASHÜTTE
BAD GOTTLEUBA-
Lichtenberg
Talsperre Lichtenberg
kreis
Mulda
Großhartmannsdorf
FRAUENSTEIN
A.-KIPSDORF
BÄRENSTEIN
Peterswalde
Petrovice
Tissa
Tisá
Freiberger Mulde
ALTENBERG
GEISING
Königswald
Libouchec
Rechenberg-Bienenmühle
R.-B.-Holzhau
A.-ZINNWALD-GEORGENFELD
Tellnitz
Telnice
SAYDA
Zinnwald
Cínovec
98
101
13
4
6
170
173
172
171
Grenzen und Verwaltung
Staatsgrenze
Landesgrenze
Regierungsbezirksgrenze
Kreisgrenze
Bautzen Landkreis
DRESDEN Landeshauptstadt
LEIPZIG Sitz eines Regierungspräsidiums
PLAUEN Kreisfreie Stadt
ZITTAU Kreisstadt
KÖNIGSBRÜCK Stadt
Weißenborn Landgemeinde
DR.-KLOTZSCHE Ortsteil
Orte
größere zusammenhängend erbaute Siedlungsfläche
100 000 – 500 000 Einwohner
50 000 – 100 000 Einwohner
20 000 – 50 000 Einwohner
10 000 – 20 000 Einwohner
unter 10 000 Einwohner
4 Autobahn mit Anschlussstelle
6 Bundesstraße
wichtige Landstraße
Eisenbahn: Hauptstrecke
Eisenbahn: Nebenstrecke
Eisenbahn: Schmalspur
Flughafen
Höhenschichten
1000 m
700 m
500 m
300 m
200 m
100 m
0 5 10 20 km

Die Geographie Sachsens

Für die geographische Gliederung eines Landes kommen mehrere Möglichkeiten in Frage. Entsprechend den geographischen Teildisziplinen lässt sich Sachsen z.B. politisch (Regierungsbezirke, Kreise), wirtschaftlich (Ballungszentren, Euroregionen), hydrographisch (Einzugsgebiete einzelner Flüsse) oder physisch (Flachland, Mittelgebirge) gliedern. Für uns stehen die natürlichen Gegebenheiten im Vordergrund und die geographische Gliederung soll vor allem auf der Grundlage von Landschaften Sachsens vorgenommen werden. Solche Naturräume sind nicht nur physisch abgrenzbar, wie z.B. durch Höhenstufen, sondern sie sind häufig durch ihre charakteristischen Bodentypen (Löß), Erosionsformen (Sächsische Schweiz) oder ihre Geschichte (Vogtland) umrissen.

Was für uns besonders wichtig erscheint, ist die Koppelung solcher Landschaften an ihre Geologie, das heißt ihren Untergrund. Die Sächsische Schweiz, zum Beispiel, verdankt ihre typischen Steine und Tafelberge zwar der Erosion (Abtragung) im Elbtal, jedoch wären diese Formen nicht ohne den dortigen Gesteinstyp Sandstein denkbar. Dementsprechend endet die Sächsische Schweiz dort, wo der Sandstein durch andere Gesteine abgelöst wird. Sinnigerweise erhielt diese Landschaft daher auch den Namen Elbsandsteingebirge. Beide Namen werden synonym verwendet, das heißt, sie benennen ein und dasselbe Gebiet, wobei jedoch „Sächsische Schweiz“ die typische Erosionsform beschreibt, stellt der Begriff „Elbsandsteingebirge“ das Gestein in den Mittelpunkt.

Nicht überall ist diese Übereinstimmung von Geologie und Geographie so eindeutig. Zum Beispiel bezeichnet das Erzgebirge im geographischen Sinne einen Mittelgebirgsabschnitt zwischen Sächsischer Schweiz und dem Vogtland. Die Grenzen sind dabei eher fließend und teilweise durch den Lokalpatriotismus der ansässigen Bevölkerung bestimmt. Geologisch jedoch endet das Erzgebirge (so wie wir in Exkursion 2 sehen werden) im Osten sehr scharf mit dem Aussetzen des erzgebirgstypischen Gesteins Gneis.

Aber nun zur landschaftlichen Gliederung Sachsens: Grob lässt sich das Gebiet von Norden nach Süden in

Flachland
Hügelland
Mittelgebirge

unterteilen.

Zum Flachland. Als Teile eines großen zusammenhängenden Raumes, der ganz Norddeutschland umfasst, finden sich in Sachsen hauptsächlich zwei Gebiete mit vorwiegend flachem Charakter. Zum einen die Leipziger Tieflandsbucht um und südlich von Leipzig, zum anderen die Niederlausitz im Nordosten. Sie sind gekennzeichnet durch junge Ablagerungen der Eiszeit und durch Flussniederungen. In ihrem Untergrund befinden sich mächtige Ablagerungen des Tertiärs mit seinen Braunkohlen. In diesen Regionen klaffen die Löcher des aktiven und stillgelegten Braunkohlenbergbaus.

Das Hügelland verdankt seine sanft wellige Natur einmal dem Zutagetreten festen Gesteins an der Oberfläche, zum anderen Endmoränenbildungen der Eiszeit. Kennzeichnend für dieses Gebiet sind weite Verbreitungen von Löß, einem feinen Staub, der im Vorfeld der eiszeitlichen Gletscher abgelagert wurde. Diese Lößhügelländer bilden häufig Landschaftsbezeichnungen, wie Mittelsächsisches Lößhügelland und Mulde-Lößhügelland zwischen Zwickauer Mulde im Westen, der Elbe im Osten sowie dem Flachland und Mittelgebirge im Norden bzw. Süden. Das Hügelland zieht sich als schmaler Streifen östlich der Elbe bis zur polnischen Grenze.

Im Flachland wie im Hügelland sind die Aufschlussverhältnisse, das heißt die Gelegenheiten zum Betrachten der Geologie unter der Grasnarbe, eher schlecht. Erst dort wo die Transportenergie der Flüsse und Bäche einer Morphologie durch widerstandsfähiges Gestein entgegengesetzt wird, ist der Untergrund Sachsens in direkter Art und Weise zu studieren – in den Mittelgebirgen.

Die geographische Gliederung der sächsischen Mittelgebirge von West nach Ost sieht folgendermaßen aus: Das Vogtland bildet den südwestlichsten Zipfel Sachsens und setzt sich eigentlich noch bis nach Bayern fort. Als Teil des Hügellandes begrenzt das Erzgebirgsbecken um Zwickau das Vogtland nach Norden. Die Abgrenzung gegen das Erzgebirge im Osten gestaltet sich schwierig und ist historischer, nicht naturräumlicher Gestalt. Auch geologisch gibt es hier keine markante Grenze. Das Erzgebirge zieht sich bis in den Bereich des Elbtales und wird in West-, Mittel- und Osterzgebirge gegliedert. Das Osterzgebirge, etwa vom Verlauf der Flöha bis zu seiner Grenze im Osten, stellt die wichtigste landschaftliche Kulisse für dieses Buch. Im Süden endet das Erzgebirge nicht mit der sächsisch-böhmischen Grenze, sondern setzt sich bis zum steilen Abbruch am Egertal in der tschechischen Republik fort. Die Kammregion des Erzgebirges verläuft etwa parallel zur Grenze und ist auf sächsischer Seite

Bestandteil des Naturparkes Erzgebirge-Vogtland. Das Elbtal trennt das Erzgebirge von der sich östlich anschließenden Oberlausitz oder dem Oberlausitzer Bergland. Die Trennung zum Lausitzer Hügelland ist auch hier fließend, geographische Ansichtssache. Die Sächsische Schweiz, die den südlichen Teil des Elbtales ausmacht, erreicht zwar bei weitem nicht die absoluten Höhen des Erzgebirges, aufgrund ihrer starken Zertalung und des „schweizer" Charakters wird sie jedoch mit zu den Mittelgebirgen gerechnet. Ein geologisches Äquivalent zum Elbsandsteingebirge finden wir in der Oberlausitz. Im äußersten Südostzipfel Sachsens gelegen, besteht das Zittauer Gebirge ebenfalls aus Sandstein.

Die Mittelgebirgsteile der Lausitz, das Erzgebirge und das Vogtland erhalten ihr Relief durch die Hochlage des so genannten Grundgebirges, wo überall feste Gesteine im Untergrund anstehen. Vor allem die Bewegungen der Erdkruste im Tertiär tragen daran die Schuld. Sie gliederten ganz Mitteleuropa in Schollen, hoben sie an oder senkten sie. Besonders eindrucksvoll ist das an der Pultscholle des Erzgebirges zu beobachten, die an ihrer Südseite stärker gehoben wurde und damit nach Norden angekippt ist. Nähert man sich von Norden dem Erzgebirge, wird man kaum Notiz von den allmählichen Geländeveränderungen nehmen. Die Überwindung von Höhenunterschieden ist unauffällig. Ganz im Gegensatz zu einem Anblick des Erzgebirges von Süden kommend, wo man tatsächlich vor einem Gebirge steht und auf kurze Entfernung einen großen Höhenunterschied überwinden muss.

In diesem kurzen Abriss sind nicht alle Landschaften Sachsens erwähnt worden. Lokale Eigenarten, ob natürlich oder kulturell bedingt, führen zur Abgrenzung kleinerer Einheiten, wie zum Beispiel dem Tharandter Wald, unserem ersten Exkursionsziel. Weitere Beispiele sind die Dresdner Heide oder das Elbtal zwischen Meißen und Dresden, das mit seinem milden Mikroklima neben dem Unstruttal bei Freyburg das nördlichste Weinanbaugebiet der Erde darstellt.

Die Geologie Sachsens

Wenn im Folgenden über die geologische Vergangenheit Sachsens berichtet werden soll, dann selbstverständlich auf einem Niveau das auch dem Anfänger der Geologie ein einfaches, aber logisches Bild der Erdgeschichte in unserem Raum gewährt (vgl. Abb. 1). Dennoch wird versucht ein gerade auf neuen Erkenntnissen beruhendes Entwicklungsszenarium zu konstruieren.

Die Umrisse der einzelnen geologischen Flächen in Abbildung 1 finden sich in den folgenden Karten wieder, wobei nur die jeweils besprochenen Gesteine grau hervorgehoben werden.

Abb. 1: Geologische Kartenskizze des Exkursionsgebietes

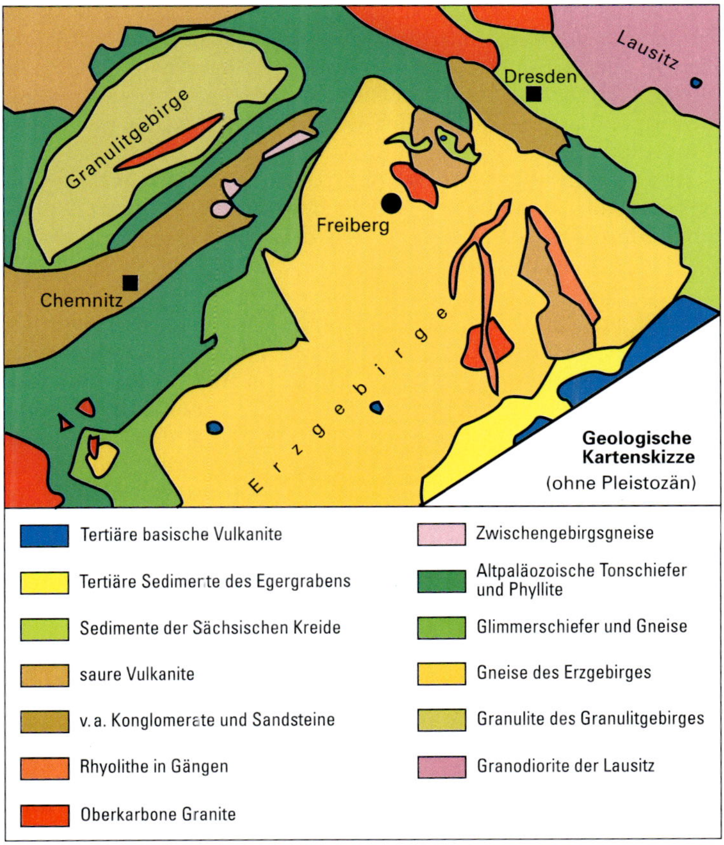

Zeitlicher Dreh- und Angelpunkt für einen Großteil des sächsischen Untergrundes und besonders für das Exkursionsgebiet, ist die variszische Gebirgsbildung im Karbon. Aus diesem Grund also die folgende Gliederung:

Vorvariszische Entwicklung (Präkambrium bis Devon)
Variszische Gebirgsbildung (Devon bis Karbon)
Dehnung des variszischen Gebirges (Karbon bis Perm)
Nachvariszische Entwicklung (Perm bis heute)

Vorvariszische Entwicklung (Präkambrium bis Devon)

Zum Ende des Präkambriums existierte auf der Südhalbkugel ein einziger Riesenkontinent - Rodinia genannt (s. Abb. 2). In seiner Umgebung befanden sich kleinere Kontinentalplatten (Mikroplatten), die mehr oder weniger mit Rodinia in Verbindung standen.

Hier, wie in allen kommenden paläogeographischen Kartenskizzen (Abb. 2), schließt der Kreis den Bereich auf dem Globus ein, in dem sich vermutlich die Gesteine bildeten, die aus dieser Zeit bei uns erhalten blieben.

Überall an den Kontinentalrändern wurde der Abtragungsschutt des Festlandes hauptsächlich in Form von Grauwacken und Tonschiefern abgelagert (s. Lausitz in Abb. 3). An den aktiven Plattengrenzen zwischen Rodinia, einzelnen Mikroplatten und der umgebenden ozeanischen Kruste kam es zur Subduktion. Dabei bildeten sich Inselbögen und Küstengebirge, in denen ein intensiver Magmatismus stattfand, der mächtige Intrusionen von Graniten und granitähnlichen Gesteinen zur Folge hatte. Sie stehen in der Lausitz an bzw. liegen metamorphisiert als Orthogneise im Erzgebirge vor (s. Abb. 3). Diesen Zeitraum nennt man hierzulande gern „cadomisch".

Während des Altpaläozoikums (Kambrium bis Devon) bewegte sich dieser kontinentale Verband in Richtung Norden. Große kontinentale Teile, wie das spätere Nordamerika, trennten sich von Rodinia. Den übrig gebliebenen Riesenkontinent, der immer noch die späteren Kontinente Afrika, Südamerika, Antarktika, Australien und Indien vereinigt, nennt man Gondwana (s. Abb. 4).

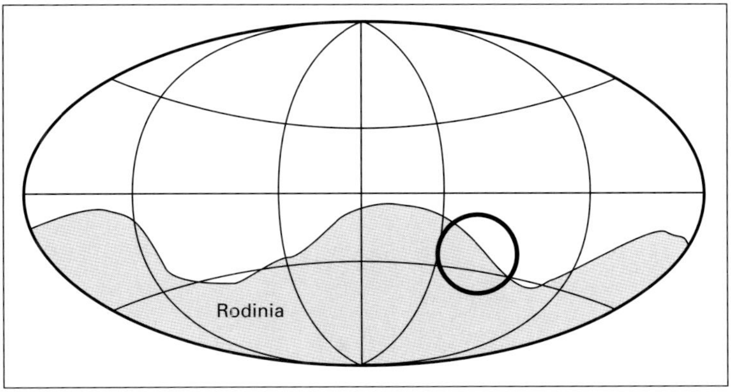

Abb. 2: Skizze zur paläogeographischen Situation im Oberen Proterozoikum

Abb. 3: Karte oberproterozoischer (Cadomischer) Gesteine

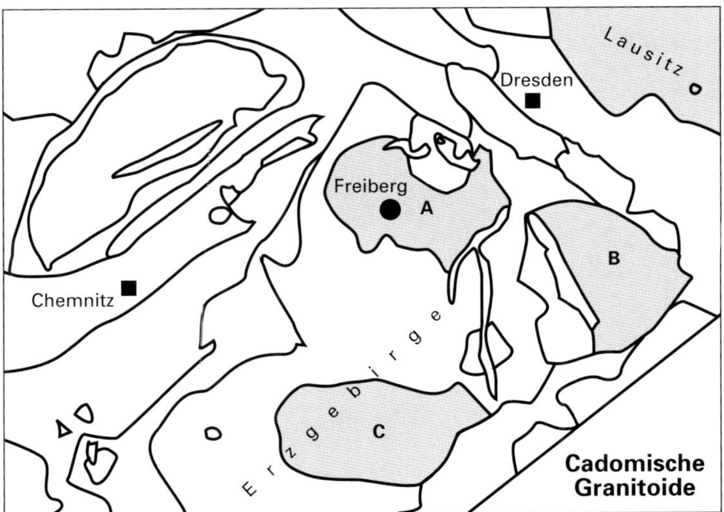

A Orthogneisdom von Freiberg

B Orthogneisdom von Fürstenwalde-Lauenstein

C Orthogneisdom von Reitzenhain-Katharinaberg

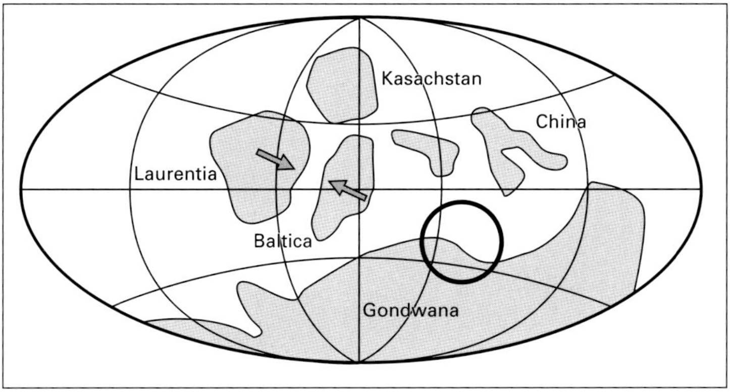

Abb. 4: Paläogeographie des Obersten Silurs

Abb. 5: Karte zur Verbreitung altpaläozoischer Gesteine, die als Meeres-sedimente abgelagert wurden und heute als Schiefer vorliegen

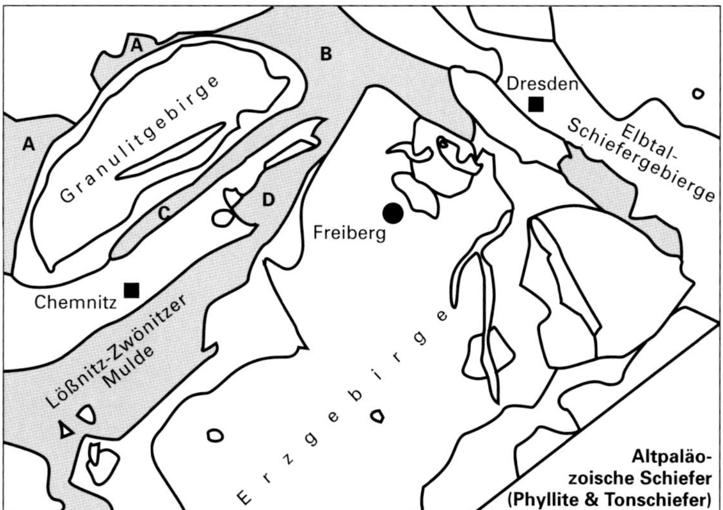

A NW-Schiefermantel des Granulitgebirges
B Nossen-Wilsdruffer-Schiefergebirge
C SO-Schiefermantel des Granulitgebirges
D Frankenberger Zwischengebirge

Bereiche, die später einen Großteil Sachsens und Thüringens ausmachen, befanden sich im Umfeld Gondwanas und waren flach- bis tiefmarine Ablagerungsbereiche von Tonen, Schluffen und Sanden (Abb. 5).

Dass in Abschnitten dieser Zeit (Ordovizium) das Festland noch vergletschert war, beweisen so genannte „drop stones". Sie stellen grobe Gerölle dar, die aus abgetauten Eisbergen vor der Küste Gondwanas stammen und in eine Grundmasse feinkörniger Meeressedimente (Tone) eingelagert sind.

Die Variszische Kollision (Devon – Karbon)

Im Devon wurde der ozeanische Raum zwischen Gondwana bzw. seinen vorgelagerten Platten und dem Nordkontinent Laurussia eng (Abb. 6). Die Sedimentablagerungen wurden bunter, es kamen vulkanische Ablagerungen und Kalke zu den bis dahin relativ eintönigen, durch Ton dominierten, Sedimenten.

Die Aufeinanderzubewegung der Kontinente wurde durch die Verschluckung (Subduktion) ozeanischer Kruste realisiert. In den Tiefen der Subduktionszone wurden die verschluckten Ozeanbasalte unter hohem Druck metamorphisiert. Es entstanden Eklogite, die ältesten variszischen Metamorphite in Sachsen.

Während des Unterkarbons wurden die Mikroplatten zwischen Laurussia und Gondwana zusammengeschoben wie Eisschollen. Es kam zur variszischen Gebirgsbildung mit Höhepunkt in Sachsen und Böhmen an der Wende von Unter- zu Oberkarbon. Einige

Abb. 6: Paläogeographie des Unterkarbon

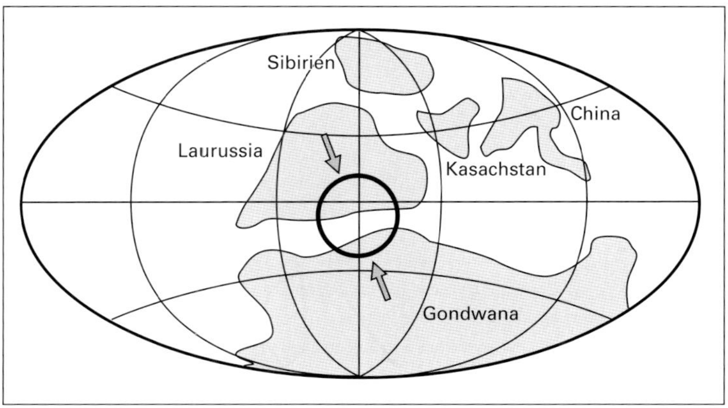

Mikroplatten wurden dabei völlig überschoben, metamorphisiert und teilweise aufgeschmolzen. Andere wiederum behielten eine sehr flachkrustale Position bei und veränderten ihr Äußeres nicht. Die Abbildung 7 zeigt alle von der variszischen Metamorphose betroffenen Gesteine unseres betrachteten Gebietes.

So wurden Teile der spätpräkambrischen Magmatite sehr stark versenkt und hoher Metamorphose unterzogen (Erzgebirgsgneise), während das gleiche Material in der Lausitz fast unmetamorph ansteht (vgl. Abb. 3).

Die altpaläozoischen Meeressedimente wurden verfaltet, geschiefert und bilden heute sämtliche sächsisch-thüringischen Schiefergebirge (vgl. Abb. 5).

Während der variszischen Kollision wurde die kontinentale Kruste sehr stark verdickt, was nicht nur die metamorphen Gesteine des Variszikums verursachte, sondern auch zum Schmelzen der Gesteine (Entstehung von Magma) führen konnte. Magmenkammern bildeten sich.

Abb. 7: Karte der variszischen Metamorphite.

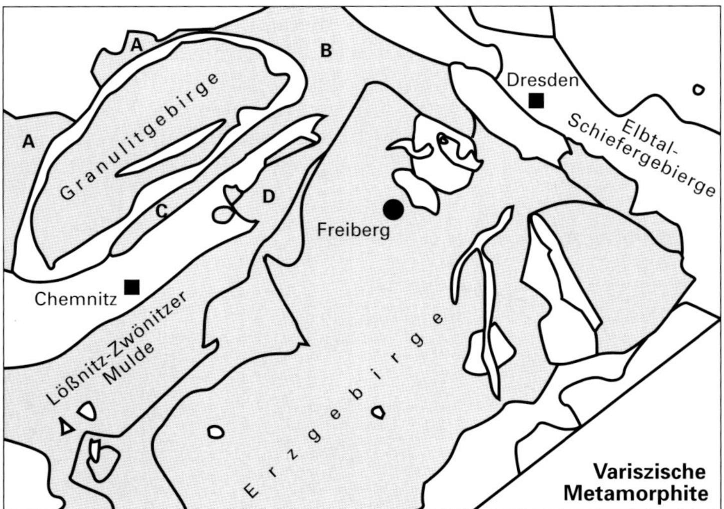

A NW-Schiefermantel des Granulitgebirges
B Nossen-Wilsdruffer-Schiefergebirge
C SO-Schiefermantel des Granulitgebirges
D Frankenberger Zwischengebirge

Die Dehnung des variszischen Gebirges (Karbon – Perm)

Verdickte kontinentale Kruste ragt an der Erdoberfläche als Gebirge über das Normalniveau des Kontinents hinaus. Aber auch nach unten spießt die kontinentale Kruste unter jungen Gebirgen als Wurzel in den darunterliegenden oberen Mantel.

Kontinentales, granitisch zusammengesetztes (SiO_2-reiches) Krustenmaterial ist wesentlich leichter als das schwere peridotitische (SiO_2-arme) Mantelmaterial. Die leichte Wurzel des variszischen Gebirges reichte so weit in den Erdmantel, dass ein hydrostatisches Ungleichgewicht entstand.

In den Augen vieler Geologen führte der resultierende Auftrieb zum Zergleiten des Gebirges und zur Wiederherstellung des Gleichgewichts zwischen leichter Kruste und schwerem Mantel. Auf diese Weise gerieten die hochmetamorphen Gesteine der Tiefe wieder zur Erdoberfläche, wo sie heute im Erzgebirge und Granulitgebirge anstehen. Überlagernde Gesteinspakete glitten

Abb. 8: Karte der spätvariszischen Magmatite und Sedimentbecken

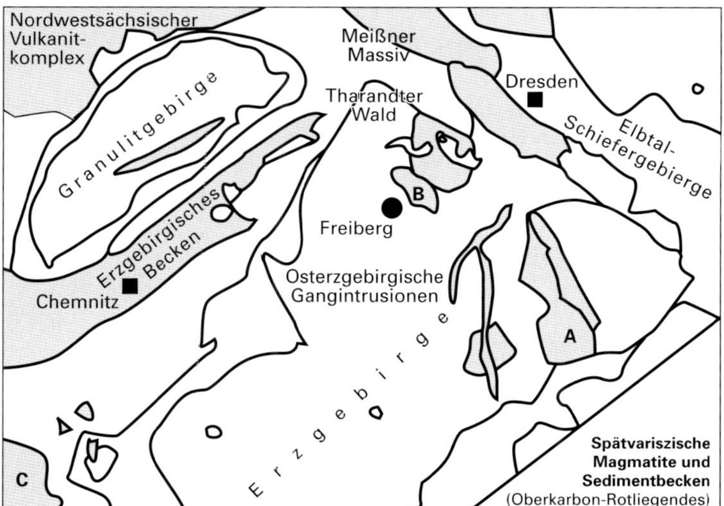

A Teplitzer Quarzporphyr
B Bobritzscher Granit
C Eibenstocker Granit

in diesem Prozess randwärts. Das hatte zur Folge, dass die während der Kollision gebildeten Magmenkammern von ihrer Überdeckung befreit wurden. Sie konnten aufsteigen und sich in einem intensiven Vulkanismus und Plutonismus niederschlagen. Die entstehenden Granite und Rhyolithe sind heute überall im Grundgebirge anstehend (s. Abb. 8). Die größte regionalgeologische Einheit dieser Genese in Sachsen ist der Nordwestsächsische Vulkanitkomplex zwischen Leipzig und Rochlitz.

Die Erdkruste dehnte sich also, um für die aufsteigenden Metamorphite und Magmen Platz zu machen. Eine sich dehnende Erdkruste zerbricht in ihren oberflächennahen Teilen. Das Ergebnis der spätvariszischen Dehnung waren demnach weiterhin große Grabenbrüche.

In solche Becken wurde während des Oberkarbons und Perms der Abtragungsschutt des jungen Gebirges abgelagert. Diese, Molasse genannten Sedimentfolgen, bestehen aus groben Sanden und Kiesen, aber auch Tonen und Kohlen. Namhafte, auch kohleführende Becken sind die von Zwickau-Oelsnitz (Erzgebirgisches Becken), Döhlen bei Freital oder von Olbernhau und Brandov (Tschechische Republik).

Nachvariszische Entwicklung (Perm – heute)

Mit der Einebnung des variszischen Gebirges wurde es ruhig in Sachsen - die relative Lage zu den heutigen Nachbargebieten war mehr oder weniger hergestellt. Im Zechstein, den jüngeren Abschnitten des Perms, überflutete erneut ein Meer den mitteleuropäischen Raum, der Bestandteil des einzigen nun existierenden Superkontinents Pangäa war (Abb. 9).

Die Küstenlinie schwankte im Laufe des Mesozoikums. Nennenswerte Ablagerungen des Meeres bestanden in Sachsen bis zur Kreide jedoch nicht.

Erst zur Zeit der Kreide, als sich Pangäa bereits wieder trennte (s. Abb. 10) und Mitteleuropa eine Inselwelt zwischen einem Nordmeer (Boreal) und einem Südmeer (Tethys) war, existierte in Sachsen eine schmale Meerenge. Sie befand sich zwischen Böhmischer und Lausitzer Insel, also im Bereich des heutigen Elbeverlaufs.

Die Küstennähe führte im besonders schmalen Bereich zur Schüttung relativ grober Sedimente, dem heutigen Elbsandsteingebirge (s. Abb. 11). Im Raum Dresden sind diese Sedimente feiner, das heißt als Tone und Mergel ausgebildet.

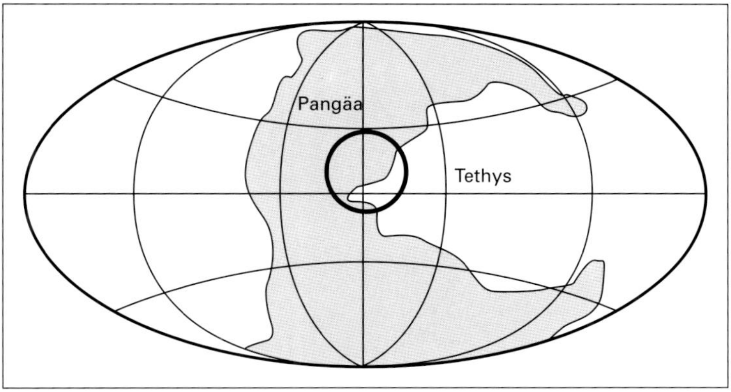

Abb. 9: Paläogeographie des Perm

Zeitgleich war weiter südlich bereits eine neue Gebirgsbildung im Gang. Ähnlich wie im Karbon der Gondwana-Kontinent die kleinen Mikroplatten zum Puzzle des Variszischen Gebirges zusammen schob, drückte während der Oberkreide und des Tertiärs Afrika viele kleine Platten gegen Europa (s. Abb. 12).

Die Naht zwischen adriatischer Platte und europäischer zeichnen die heutigen Alpen nach. Allerdings war die Gebirgsbildung der Alpen nicht das einzige tektonische Ereignis, das unseren

Abb. 10: Paläogeographie der Kreide

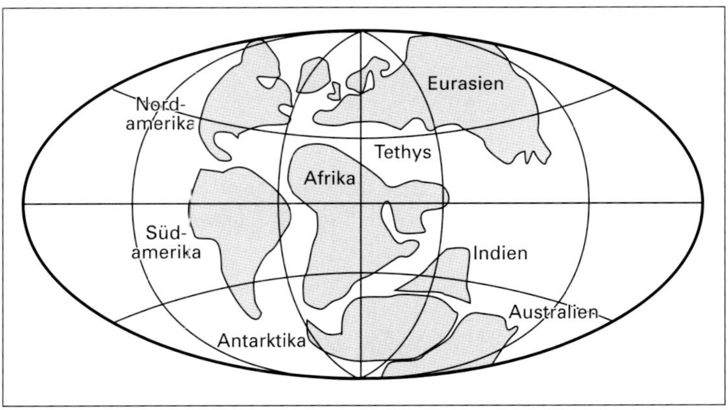

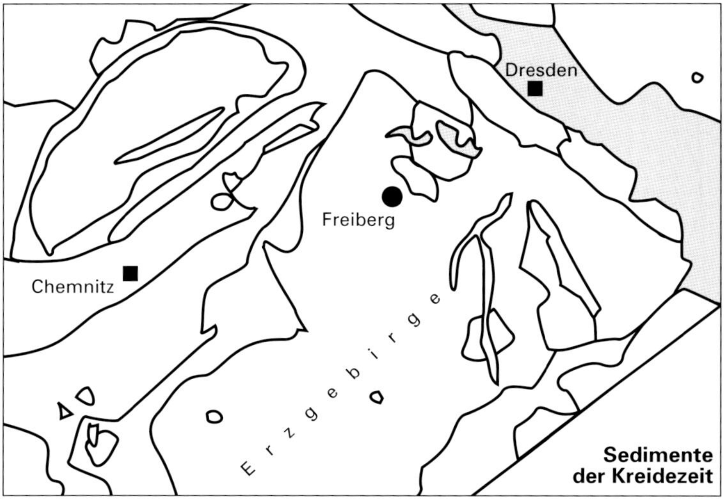

Abb. 11: Karte der Kreidesedimente

Raum zu dieser Zeit beeinflusste. Gleichzeitig öffnete sich der Nordatlantik, der seinerseits Europa von Norden her einengte.

In diesem Spannungsfeld musste die europäische Kruste, auch die sächsische, zerbrechen. Es bildete sich ein Mosaik von Horsten (Thüringer Wald), Pultschollen (Harz) und Gräben. Bei dieser Gelegenheit wurde das Erzgebirge nach Norden ange-

Abb. 12: Paläogeographie des Tertiär

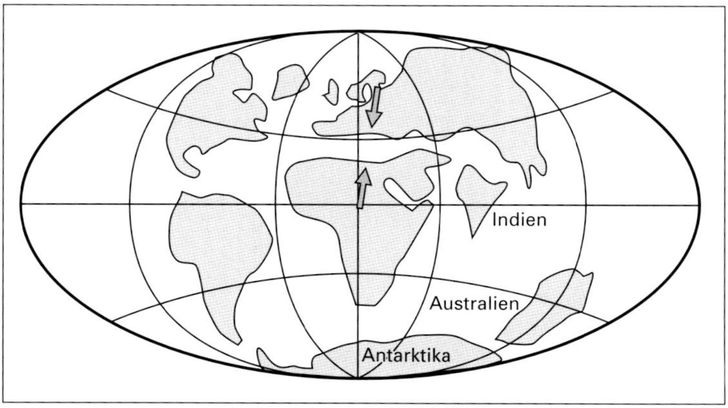

kippt. Der sich im Süden anschließende Egergraben senkte sich und wurde mit tertiären Sanden gefüllt (Abb. 13). Eine Fortsetzung des Egergrabens findet sich in der sächsischen Oberlausitz (Berzdorf, Zittau).

Genau wie der Egergraben wurde der Norden Sachsens wieder vom Meer überflutet, wobei vermoorte Bereiche zur Bildung von Kohlen führten (Niederlausitz und Leipziger Tiefland).

Das Zerbrechen von Mitteleuropa erfolgte an tiefen Störungen bis in den Bereich des oberen Mantels. An diesen Brüchen konnte basaltisches Magma aufdringen und die jungen Vulkanite Sachsens bilden (Burg Stolpen, Scheibenberg, vgl. Abb. 13).

Mit der pleistozänen Vereisung unseres Gebietes endet die lange geologische Geschichte Sachsens im Wesentlichen. Das Transportmaterial der nordischen Gletscher (Moränen) wurde in Form von Geschiebelehm abgelagert.

Gemeinsam mit den Flussschottern des abfließenden Tauwassers der Gletscher bedecken sie zum Leidwesen vieler Geologen in großen Teilen Sachsens, wenn auch nur dünn, die älteren Gesteine.

Abb. 13: Karte der tertiären Sedimente und Beispiele für Tertiärvulkanite

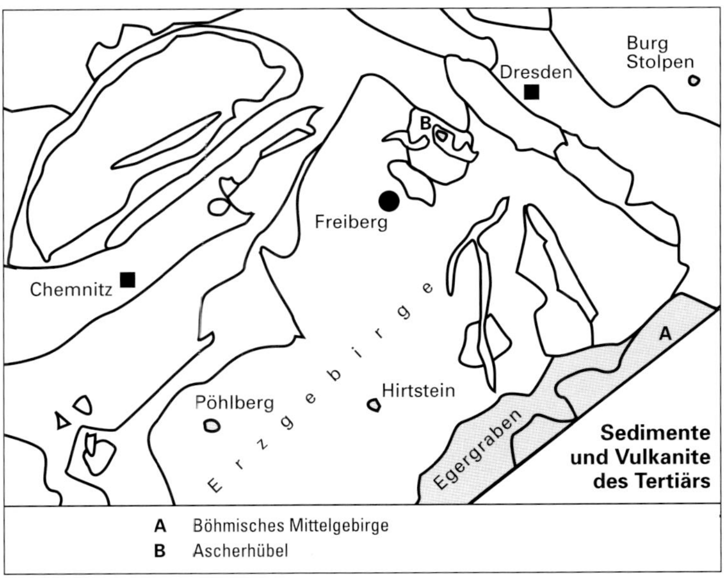

········ Feuersteinlinie
—— Störungen

Aufschüttungen in Tagebauen

QUARTÄR

- f Auensedimente
- e Löss, Lösslehm
- g Gletschersande und -kiese
- g^l Grundmoränen
- f^l Pleistozäne Flussterrassen

TERTIÄR

- TT Sande, Kiese, Tone
- φ Basalt
- ϑ Phonolith

KREIDE

- K Sandsteine, Tonsteine

TRIAS

- T Sandsteine, Schluffsteine

PERM

- P_2 Dolomite, Schiefertone
- P_1 Konglomerate, Sandsteine

OBERKARBON-PERM

- λ Saure Vulkanite und Tuffe
- π Rhyolithe in Gängen
- γ Granitische Intrusionen

ORDOVIZIUM-UNTERKARBON

- T Tonschiefer, Grauwacken, Konglomerate
- v Basische Vulkanite

KAMBRIUM-ORDOVIZIUM

- P Phyllit

KAMBRIUM

- m Glimmerschiefer

PRÄKAMBRIUM-KAMBRIUM

- γδ Granodiorit
- G Orthogneis
- B Metamorphe basische bis ultrabasische Magmatite

PRÄKAMBRIUM

- w Grauwacke
- gn Paragneis
- gr Granulit

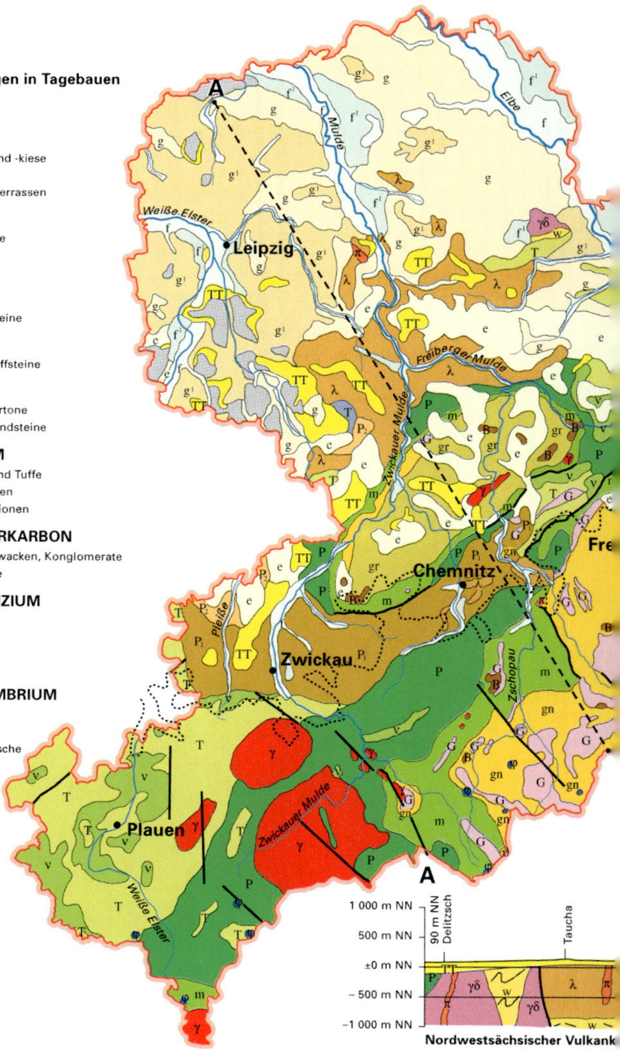

EXKURSIONEN

Sachsen, Geologie

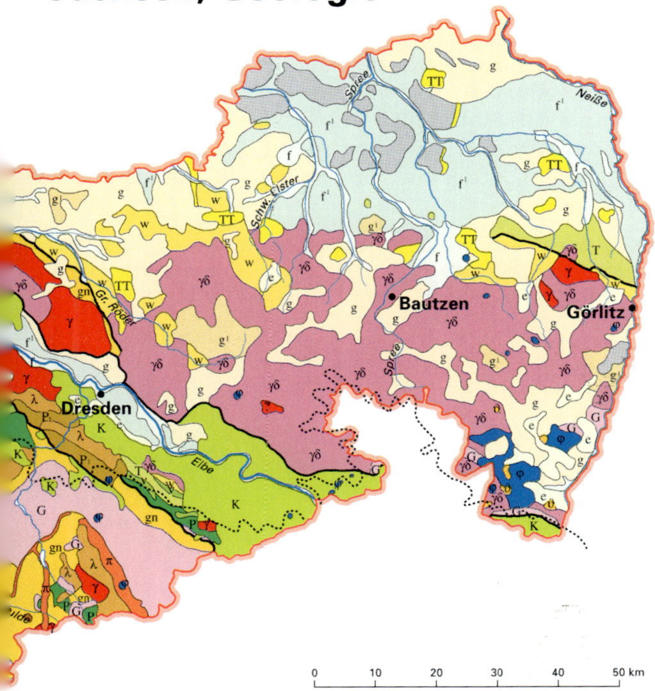

Schnitt A - B

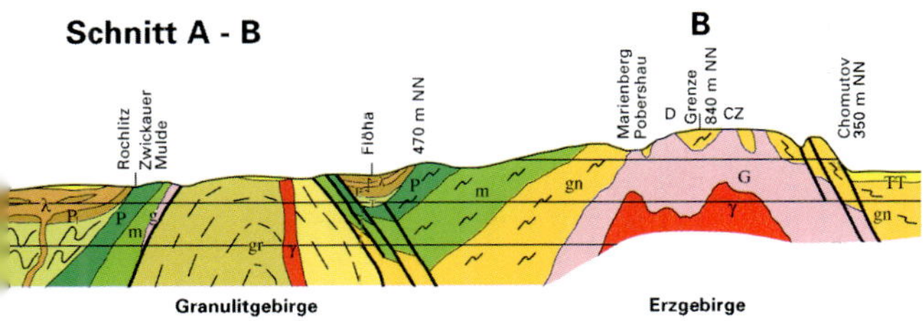

Strati-graphie

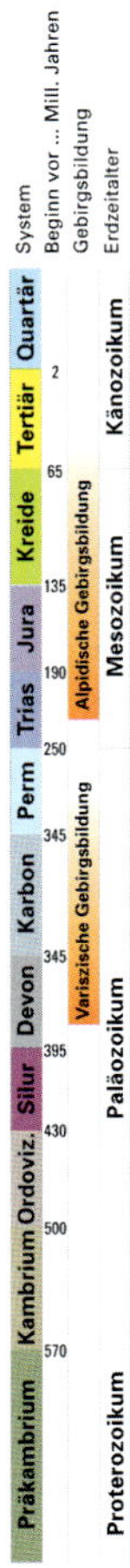

1 Der Tharandter Wald – Oberkarbone Caldera und Geologenspielplatz

► Einführung

Es gibt wohl keinen Freiberger Geologieabsolventen, der nicht im Tharandter Wald seine ersten Erfahrungen mit der Gesteinsansprache im Gelände gemacht hätte. Aber nicht nur für angehende Fachleute ist diese klassische „Quadratmeile" ein Spielplatz der Geologie (Abb. 14).

Aufgrund seiner Gesteinsvielfalt eignet sich der Tharandter Wald hervorragend für eine Einführungsexkursion für alle, die sich mit Geologie beschäftigen wollen. Sowohl für Anfänger als

Abb. 14: Karte mit Aufschlusspunkten der Exkursion 1

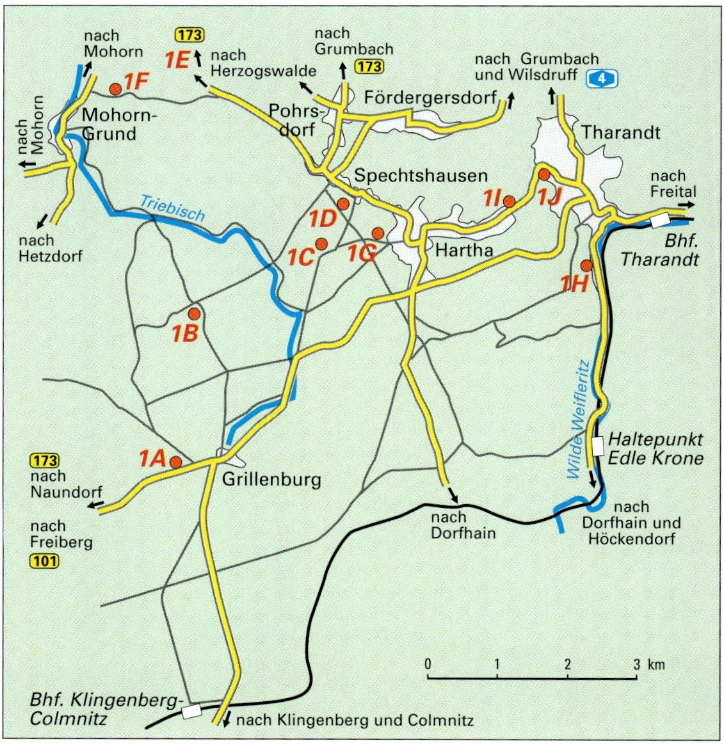

auch für Fortgeschrittene stellt das Gebiet ein Sammelsurium der drei grundlegenden Gesteinstypen (**Magmatite**, **Sedimentite** und **Metamorphite**) auf engem Raum dar. Die Unterschiede dieser Gruppen im Aufschluss und im Handstück zu erfahren, ist Ziel dieser ersten Exkursion.

In der Nordostecke des Erzgebirges gelegen (vgl. Abb. 1 u. 8), verdankt der etwa 600 ha große Tharandter Wald seine Gesteinsvielfalt unter anderem dem Einsturz eines vorzeitlichen Vulkans zu einer sogenannten **Caldera**. In ihr blieben Gesteine erhalten, die sonst womöglich von der folgenden Erosion aufgearbeitet und abgetragen worden wären. Später lagerten sich erneut Sedimente ab, und ein junger **Vulkanismus** durchsetzt als Letztes den Gesteinsverband.

Für das Verständnis geologischer Zusammenhänge ist also auch das Denken in zeitlichen Dimensionen wichtig. Eine erste Berührung mit diesem Prinzip soll in dieser Einführungsexkursion stattfinden.

Ausdrücklich sei erwähnt, dass diese Exkursion, im Zusammenhang mit dem landschaftlichen Reiz des Tharandter Waldes, als Wanderung mit Schulklassen empfohlen werden kann.

Kartenmaterial:
Topographische Karte TK 25, Blätter 4946 Mohorn, 4947 Wilsdruff, 5046 Freiberg und 5047 Freital
Geologische Karte GK 25, Blätter 4946 Tanneberg, 4947 Wilsdruff, 5046 Freiberg und 5047 Tharandt

Routenvorschläge

Die schnellste Einführung in die Geologie im Gelände dauert gerade einmal drei Stunden.

Mit dem Auto dreht man eine Schleife über Freiberg - Naundorf - Grillenburg - Hartha - Spechtshausen - Herzogswalde - Mohorn - Freiberg.

Dabei besucht man die Aufschlüsse in der Reihenfolge 1A - 1C - 1D - 1E - 1F unter Beachtung, dass die meisten Aufschlüsse nicht direkt mit dem Auto erreichbar sind und einige Fußmärsche trotz fahrbarem Untersatz zwingend sind.

Bekanntlich ist das Auto ein Feind des Geologen. Die klassische Route zu Fuß startet entweder am Bahnhof Tharandt und endet am Bahnhof Klingenberg-Colmnitz oder umgekehrt. Vom Bahnhof Klingenberg-Colmnitz aus besucht man die Aufschlüsse in der Reihenfolge 1A - 1B - 1C - 1D - 1G - 1I - 1J.

Aufschlüsse

1A Ehemaliger Steinbruch am Flügel Jägerhorn

Koordinaten: $^{46}0540$ rechts, $^{56}4735$ hoch

Besonders zu empfehlen ist der mittlere Teil der nördlichen Aufschlusswand des ehemaligen Steinbruchs. Hier ist das gesamte Profil aufgeschlossen und es bestehen die frischesten Abbrüche.

?

Noch bevor man den Hammer schwingt, sollte man versuchen, folgende Fragen zu klären:
Welche Gesteinsgruppe steht an? Warum?
Welcher Unterschied fällt beim Betrachten der liegenden und hangenden Gesteine auf? (Abb. 15)
(Aus der alten Bergmannssprache übernommen, spricht man in der Geologie nicht von „Oben" und „Unten", sondern von „**Hangend**" und „**Liegend**".)

Grob betrachtet unterteilt sich der Aufschluss in einen liegenden (unteren) und einen hangenden (oberen) Teil. Getrennt sind beide durch eine horizontale Fläche, eine Schichtfuge. Es muss sich hier um Sedimentgesteine handeln, da eine Schichtung vorhanden ist (vertikaler Wechsel der Korngrößen).

Der Aufschluss besteht aus einem ungeschichteten gleichkörnigen **Sandstein** im Liegenden und einem geschichteten Sedimentgestein im Hangenden, das wesentlich unsortierter ist. Hier trifft man feineres Material als Sand genauso wie Gerölle von mehreren Zentimetern Durchmesser an. Das Material erscheint sehr hell, was auf Kalkgehalte hindeuten könnte. Ein Salzsäuretest zeigt jedoch, dass diese Farbgebung nicht auf die Gegenwart von Kalk zurückzuführen ist:

$$CaCO_3 + 2HCl \rightarrow CaCl_2 + H_2O + CO_2$$

(CO_2 entweicht als Gas und schäumt dabei die Flüssigkeit aus Wasser und Salzsäure auf.)

Es handelt sich um einen **Schluffstein**, was heißt, dass die meisten Partikel dieses Sediments kleiner sind als die des Sandes

Abb. 15: Aufschluss 1A. Gut erkennbar ist die vertikale Zweigliederung ➔ des Aufschlusses.

(Sand: 2 - 0,063 mm; Schluff: 0,063 - 0,002 mm). Bei längerem Suchen finden sich darin Überreste von Lebewesen (**Fossilien**), wie Muscheln und Brachiopoden (muschelähnliche, aber nur entfernt verwandte Zweischaler).

Besonders interessant erscheinen die liegenden Teile des Schluffsteins, in denen verstärkt Gerölle vorkommen, die in den hinteren Teilen des Steinbruchs teilweise herausgewittert und isoliert im Schutt zu finden sind. Diese Gerölle sind eine eigene Gesteinsansprache wert und entpuppen sich als stark angewitterter **Rhyolith** oder **Quarzporphyr**, einem vulkanischen Gestein (s. Aufschluss B). Teilweise sind sie, bis auf die enthaltenen Quarzkristalle, völlig in eine helle erdige Substanz umgewandelt. Es handelt sich dabei hauptsächlich um **Kaolinit**, ein Tonmineral, das bei der Verwitterung von Kalifeldspat unter gemäßigt humiden Klimaverhältnissen (Wasserangebot) entsteht und insgesamt für die helle Farbe des hangenden Sediments verantwortlich ist.

$$\underset{\text{Kalifeldspat}}{KAl\,Si_3O_8} + H_2O \rightarrow \underset{\text{Kaolinit}}{Al_2(OH)4Si_2O_5} + \ldots$$

Trägt man die gefundenen Gesteinseigenschaften zusammen, ergibt sich das Profil von Abbildung 16.

? Welche Interpretationen lassen diese Erkenntnisse zu?
Der liegende Sandstein weist mit seiner starken Kornsortierung auf den Transport der Quarzkörnchen in einem gleichmäßig strömenden Medium hin. Außer Wind kommen Fluss- und Küstenströmungen im Meer in Frage. Jüngste wissenschaftliche Bearbeitungen halten es für am wahrscheinlichsten, dass diese Sedimente im Unterlauf eines Flusses abgelagert wurden.

Die hangenden Sedimente verfeinern sich vom Liegenden zum Hangenden, von geröllführendem Sandstein zu Feinsandstein und Schluffstein. Das bedeutet, dass sich an einem Ort nacheinander immer feinere Partikel ablagerten. Ein solches Erscheinungsbild wird meist mit dem Übergreifen eines Meeres erklärt (**Transgression**).

Die stark geröllführende Lage an der Basis des geschichteten Sedimentes entspricht demnach der ehemaligen Küstenlinie (Transgressionskonglomerat).

Beim Verlassen des Steinbruchs und einem kurzen Blick auf die Vegetation im Feuchtbiotop kann man sich mit folgender Frage beschäftigen:

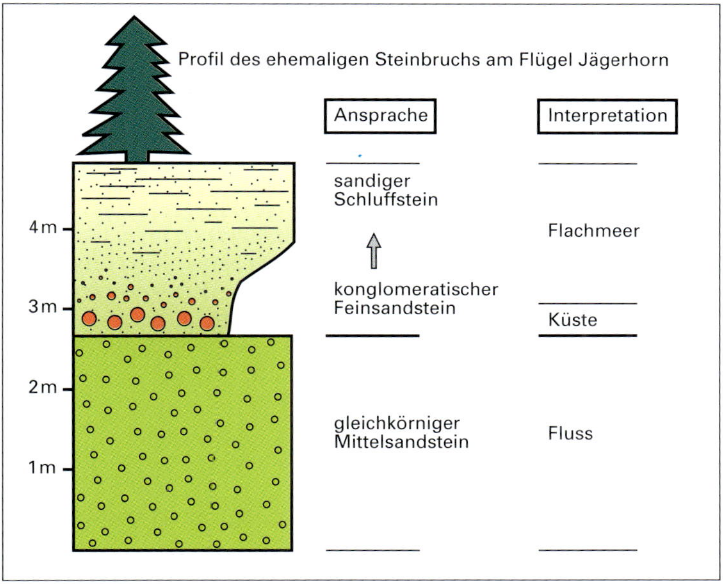

Abb. 16: Profilskizze des Aufschlusses 1A mit Gesteinsansprache und Interpretation der Gesteine.

In welcher zeitlichen Beziehung stehen die angetroffenen Sedimente zum Quarzporphyr (Rhyolith)? ?

Ehemaliger Steinbruch am Lauxhügel **1B**

Koordinaten: ^{46}0570 rechts, ^{56}4955 hoch

Im vorhergehenden Aufschluss aufgeworfene Fragen sollten geklärt sein, um nicht etwa völlig vertieft an diesem Aufschluss vorbeizulaufen. Der ehemalige Steinbruch liegt zwar am Wegesrand, ist jedoch sehr stark zugewachsen.

Hier genügt es, sich ein Handstück zu schlagen und den frischen Bruch (am besten wörtlich) unter die Lupe zu nehmen.

Wir bemerken eine rötliche, für unser Auge nicht als kristallin zu erkennende Grundmasse, in der mehr oder weniger oft Kristalle auftauchen, die als Quarz oder Feldspat zu bestimmen sind. Diese Einsprenglinge genannten Kristalle bildeten sich in einem glutflüssigen Magma bevor das gesamte Material während eines Vulkanausbruchs zur Erdoberfläche gelangte. Dort erstarrte der Rest des Magmas fast schlagartig und fand daher nicht die Zeit, erkennbare Kristalle auszubilden. Das resultierende porphyrische Gefüge aus **Grundmasse und Einsprenglingen** ist das wichtigste Erkennungsmerkmal für ein vulkanisches Gestein (Abb. 17).

Bliebe zu klären welcher Vulkanit am Lauxhügel ansteht.
Die Quarzkristalle weisen das Gestein als sauer, d.h. sehr SiO_2-reich aus. Eine ältere Bezeichnung wäre Quarzporphyr, die moderne Nomenklatur nennt das Gestein Rhyolith.

1C Ehemaliger Basaltbruch Ascherhübel

Koordinaten: ^{46}0715 rechts, ^{56}5045 hoch

Der auflässige Steinbruch am Ascherhübel ist von mehreren Richtungen her als Basaltbruch oder Hexenhäus'l (ehemaliges Sprengmeisterhaus) ausgeschildert.

Bereits der erste Eindruck der Aufschlusswand lässt, aufgrund der säuligen Absonderung, auch in diesem Steinbruch ein vulkanisches Gestein erkennen. Wenngleich die Säulen schlechter ausgebildet sind als in anderen Basaltvorkommen, wie z.B. Scheibenberg oder Burg Stolpen (Abb. 18).

Diese Säulen entstehen durch Schrumpfung der sich abkühlenden Lava, wie die Trockenrisse im Schlamm einer Pfütze durch Wasserentzug. Da sich diese Säulen immer senkrecht zu den Abkühlungsflächen bilden, kann mit ihrer Hilfe die Lage des ehemaligen Vulkanschlotes rekonstruiert werden (s. Abb. 19).

Während an der Westwand des Aufschlusses die Säulen vertikal ausgerichtet sind, finden sich horizontal lagernde Säulen im NW-Bereich des Aufschlusses.

Beim näheren Betrachten des Gesteins fällt eine merkwürdig körnige Struktur auf. Sie entsteht nicht durch das primäre Korngefüge des Vulkanites. Die Untersuchung unter der Lupe zeigt, dass das schwarze Gestein fast völlig „dicht" ist, also extrem feinkörnig. Eher selten finden sich Einsprenglinge von Augit (schwarz, ein Pyroxen) und Olivin (flaschengrün).

Das körnig-blasige Gefüge jedoch wird durch einen Vorgang der Verwitterung verursacht. Der Basalt enthält viel Nephelin (Nephelinbasalt), der bei Wasseraufnahme in Analcim umgewandelt

Abb. 17: Die Fotos zeigen das porphyrische Gefüge, links im Handstück, rechts stark vergrößert im Dünnschliff.

Abb. 18: Foto der großen Aufschlusswand mit vertikalen „Basaltsäulen“

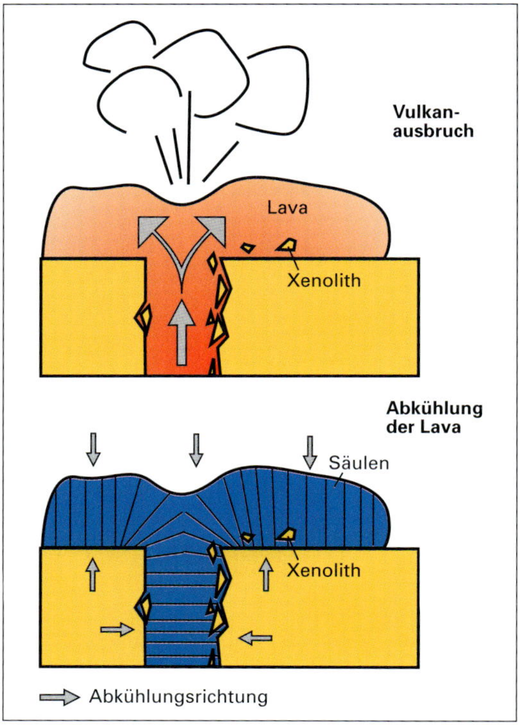

Abb. 19: „Basaltsäulen" bilden sich immer senkrecht zu den Abkühlungsflächen. Xenolithe sind mitgebrachtes Gestein aus der Unterlage des Vulkanites.

wird. Die zwingende Volumenvergrößerung während dieses Vorgangs um 5% sprengt förmlich die an sich feinkörnige Struktur.

Ein Basalt mit dieser Erscheinung nennt sich „Sonnenbrenner" und ist wegen seiner Veränderungsfreudigkeit für eine technische Verwendung, wie z.B. als Betonzuschlagsstoff oder Pflasterstein nicht geeignet.

Im westlichen Eingangsbereich des Steinbruchs finden sich helle Einlagerungen im schwarzen Basalt. Es sind Fremdeinschlüsse (**Xenolithe**, s. Abb. 19), die das aufsteigende Magma beim Ausbruch aus der Wand des Vulkanschlotes gerissen hat. Mit etwas Glück und Phantasie (weil das Material bei der Hitze stark umgewandelt wurde) finden sich Sandsteine (umgewandelt zu Quarziten) und Rhyolithe als Xenolithe.

Das bedeutet, dass jene Gesteine, die wir in den Aufschlüssen A und B sahen, bereits existierten als der Basaltvulkan ausbrach.

Beim Verlassen des Ascherhübels achte man auf die Form des Geländes. Der relativ erosionsresistente Basalt schützt das unterlagernde Gestein vor der Abtragung. Die sächsischen Basalte stellen damit immer morphologische Erhebungen dar (s. Querprofil in Abb. 23).

Um ein weiteres Indiz für die Alterseinstufung der heutigen Exkursion zu erlangen, kann man vom westlichen Eingangsbereich aus bergab laufen und findet leicht links einen viel kleineren Steinbruch. Steht hier etwas anderes als Basalt an, dann müßte dieses Gestein älter sein als Basalt. Wie oben erläutert, hätte dieses Material die Unterlage für die Lava gebildet. Und tatsächlich steht ein Sandstein à la Flügel Jägerhorn (1A) an.

Schön zu sehen ist hier auch, wie die Wurzeln der Nadelbäume den an sich kompakten Sandstein aufbrechen. Diese **Wurzelsprengung** stellt eine Form der biologischen Verwitterung dar.

Kugelpechstein von Spechtshausen

1 D

Koordinaten: ^{46}0750 rechts, ^{56}5085 hoch

Unweit des Ascherhübels, etwa 300 m südlich von Spechtshausen streicht in einem Waldstück ein Gestein aus, das nur als Lesestein zu finden ist. Das Gestein ist zwar nicht kostbar, aber immerhin so selten, dass es geschützt ist und nicht beklopft werden darf. Das ist auch gar nicht nötig, weil genügend Stücke herumliegen, die eine Ansprache gewährleisten.

Dieser Kugelpechstein macht seinem Namen alle Ehre, denn er besteht aus roten Kugeln in einer pechschwarzen Matrix. In dieser Matrix sind keine Kristalle zu erkennen. Selbst wenn wir ein Mikroskop dabei hätten, wären keine sichtbar: weil keine da sind. Solche nichtkristallinen Gesteine nennt man **amorph** oder **Gläser**. Und glasartig ist schließlich auch das Erscheinungsbild des Gesteins. Solche Gläser entstehen vulkanisch, durch ein schnelles Erstarren (Abschrecken) der heißen Lava.

Beim Abschrecken waren die teilweise schalig aufgebauten Kugeln bereits vorhanden.

Sie bildeten sich schon in der Magmenkammer aus immer noch nicht völlig geklärten thermodynamischen Gründen (Abb. 20).

Aus der dunklen Farbe des Glases auf den Chemismus des Gesteins zu schließen, führt in diesem Fall aufs Glatteis. Der

Kugelpechstein ist genauso sauer und SiO_2-reich wie der Quarzporphyr des Lauxhügels. Ja sogar die roten Kugeln sind chemisch völlig identisch mit dem schwarzen Glas.

Nehmen wir also das Gestein als eine exotische Ausbildung des Rhyoliths hin und widmen uns wieder Gesteinen, die wesentlich häufiger am Aufbau der Erdkruste beteiligt sind.

1E Straßenanschnitt B 173 in Herzogswalde

Koordinaten: ^{53}9360 rechts, ^{56}54250 hoch

In Richtung Freiberg fahrend finden sich einige kleine Aufschlüsse unmittelbar am rechten Straßenrand (Unbedingt auf den Verkehr achten!) (Abb. 21).

? Was ist an diesem Gestein anders als an allen bisherigen?
Das Gestein besitzt eine ausgeprägte Schieferung, die es sofort als Metamorphit ausweist. Anders als eine sedimentäre Schichtung ist diese Schieferung ebenflächig und durchtrennt das Gestein dünnplattig. Die **Schieferung** ist die Folge einer tektonischen Einengung senkrecht zu den heutigen Schieferungsflächen. Das Ergebnis ist eine Einregelung der Tonmineral-Schüppchen senkrecht zum Druck.

Das Ausgangsmaterial ist in den meisten Fällen ein mariner Ton (Meeresablagerung). **Tone** sind eine Gruppe von Mineralen, die blättchenförmige Kristalle aufweisen, die kleiner als 0,002 mm sind.

Aus Ton (aufbauendes Material) und Schiefer (Struktur) setzt sich der Name für das Gestein zusammen – Tonschiefer.

Das Zusammenschieben und Schiefern von Meeressedimenten ist an das Kollidieren zweier Kontinente und damit an die **Gebirgsbildung** gebunden. Meist werden die Gesteine von anderen überlagert und überschoben, womit eine beginnende Metamorphose einhergeht. Da bei der **Metamorphose** Minerale umkristallisieren, können aus den Tonschüppchen Glimmer wachsen. Dieses Glimmerwachstum, ebenfalls senkrecht zum Druck, äußert sich in einem seidenmatten Glanz der Schieferflächen. Ist dieser Glanz bereits gut ausgeprägt, spricht man nicht mehr von Tonschiefer, sondern **Phyllit**.

Sicherlich scheint es Geschmackssache zu sein, ob in diesem Aufschluss Phyllit oder Tonschiefer ansteht. Der Geologe bedient sich mit dem Begriff phyllitischer Tonschiefer. Die Übergänge sind schließlich fließend.

Abb. 20: Pechschwarze Matrix mit roten Kugeln → Kugelpechstein

Abb. 21: Schieferaufschluss am Straßenrand der B 173 in Herzogswalde

Aber noch ein weiteres Gestein steht an. In den marinen Bildungsräumen des Tons kam es hin und wieder zu einem untermeerischen basischen (SiO_2-armen) Vulkanismus. Das sich bildende magmatische Gestein heißt **Diabas**. Häufig handelt es sich hierbei um Tuffe (Asche), was ein deutliches magmatisches Gefüge ausschließt. Obendrein wurden die Diabase während der Metamorphose umgewandelt und es bleiben recht unansehnliche grau-grünliche feinkörnige Gesteine.

Bei genauerem Hinsehen an die Aufschlusswand entdeckt man also Bereiche, die viel weniger geschiefert sind. Der Grund liegt auf der Hand. Dem Diabas, sowie seinem Tuff, fehlt es an blättchenförmigen Mineralen, die sich wie Ton oder Glimmer senkrecht zum tektonischen Druck ausrichten können. Für Diabas und Diabastuff gilt hier also folgende Diagnose: wenig Schieferung und grünliche Farbe.

1F Porphyrfächer Mohorn-Grund

Koordinaten: ^{46}0435 rechts, ^{56}5275 hoch

Einer der bekanntesten Aufschlüsse der Region ist der Porphyrfächer in Mohorn-Grund. Dieses Naturdenkmal ist auf dem Weg zur Ausflugsgaststätte Landberg gut ausgeschildert (Abb. 22).

Wir lassen also den Hammer wieder im Gepäck und erfreuen uns an der hervorragenden Ausbildung der **Säulen**, die, wie wir hier sehen, nicht nur der Basalt aufweist (wie uns der Begriff „Basaltsäulen" einredet).

Petrographisch handelt es sich um den sogenannten quarzarmen Porphyr. Deutlich erkennbar ist das porphyrische Gefüge mit Matrix und Einsprenglingen. Jedoch finden sich als Einsprenglinge keine Quarzkristalle. Das Magma war hier etwas SiO_2-ärmer als beim Rhyolith des Lauxhügels (ca. 71% anstatt ca. 75%).

1G Ehemalige Sandsteinbrüche Hartha

Koordinaten: ^{46}0810 rechts, ^{56}5120 hoch

Der gleiche mittelkörnige Sandstein steht an der Basis am Flügel Jägerhorn (Aufschluss 1A) an.

Abb. 22: Vielleicht der am häufigsten abgebildete Aufschluss Sachsens – der Porphyrfächer von Mohorn

Klippen im Tal der Wilden Weißeritz südlich Tharandt 1H

Koordinaten: ^{54}0040 rechts, ^{56}5040 hoch

Quarzarmer Porphyr. Siehe Aufschluss 1F.

Talmühle, östlicher Ortsausgang Hartha 1I

Koordinaten: ^{53}39915 rechts, ^{56}5105 hoch

Diabas und Tonschiefer (bzw. Phyllit). Im Gegensatz zum Aufschluss 1E ist hier der **Diabas** sehr typisch ausgeprägt. Als vulkanisches Gestein besitzt er ein porphyrisches Gefüge, mit dem Unterschied zum Rhyolith, dass hier die Grundmasse schwarz ist und die Einsprenglinge eine nadelige Form aufweisen. Der Diabas ist eine Art Basalt, daher SiO_2-arm, Quarz nicht oder wenig enthalten. Wie beim Basalt stammt die schwarze Farbe von den Mineralgruppen der Amphibole/Pyroxene. Die weißen Leisten bestehen aus **Plagioklas**, einem Feldspat.

1J Tharandt, Eingang Ebergrund (Talmühlengrund)

Koordinaten: ^{53}9985 rechts, ^{56}5150 hoch

Der Tonschiefer ist hier an Ort und Stelle zerbrochen worden. Die zerbrochenen Partikel wurden nicht transportiert und demzufolge auch nicht abgerundet. Das resultierende Gestein aus zerbrochenem, kantigem Material heißt **Brekzie**.

Für das Zerbrechen kann es mehrere Gründe geben. Einer besteht in der Möglichkeit einer vulkanischen Eruption. Dann kann, so wie hier der Fall, das Bruchmaterial mit Lava verbacken werden. Nähere Betrachtung zeigt eine „Verkittung“ der Brekzie mit rhyolithischem Material. Wir erhalten damit noch ein Kriterium der Altersabfolge der Gesteine von Exkursion 1.

Zum Tonschiefer siehe Aufschluss 1E, zum Rhyolith Aufschluss 1B.

Zusammenfassung

Im Mittelpunkt der Exkursion Tharandter Wald stand das Kennenlernen der grundlegenden Gesteinstypen und ihrer wichtigsten Merkmale in Handstück und Aufschluss:

Sedimentgestein:	Schichtung (Aufschlüsse 1A, 1G)
Magmatisches Gestein:	Richtungsloses Gefüge hier Vulkanite: Porphyrisches Gefüge und säulige Absonderung (Aufschlüsse 1B, 1C, 1D, 1F, 1H, 1J)
Metamorphes Gestein:	Schieferung (Aufschlüsse 1E, 1I)

Desweiteren soll anhand dieser Exkursion, das vielleicht schwierigste am geologischen Arbeiten verdeutlicht und geübt werden – das Denken in Raum und Zeit. In den Aufschlussbeschreibungen sind die Alterseinstufungen der Gesteine ganz bewusst weggelassen worden. Auch ohne jede Angabe ist es möglich, die genannten Aufschlüsse in eine zeitliche Reihenfolge zu bringen.

? An dieser Stelle sollte also jeder einmal versuchen, eine solche Einordnung, vielleicht vom Älteren zum Jüngeren in Form eines so genannten **Vertikal**- oder **Normalprofils**, vorzunehmen:

Welches, im Tharandter Wald angetroffene Gestein muss das älteste sein und damit höchstwahrscheinlich die liegendste Einheit darstellen?

Selbstverständlich die Schiefer. Wäre irgendein anderes Gestein älter, wäre es ebenfalls von der Metamorphose und Schieferung betroffen worden. Gebirgsbildung ist schließlich nicht auf wenige hundert Meter beschränkt. Darüber hinaus belegt Aufschluss 1J, dass der Tonschiefer schon vorhanden war, als die Rhyolithvulkane ausbrachen.

Welche weiteren Altersbeziehungen bestehen?
- Die Sand- und Schluffsteine (Aufschluss 1A) sind jünger als die Rhyolithe (Quarzporphyr und quarzarmer Porphyr), weil die Rhyolithe als Gerölle in den konglomeratischen Partien der Sedimente vorkommen.
- Der Basalt ist wiederum jünger, weil in ihnen Xenolithe von Sandsteinen und Rhyolithen vorkommen.
- Dass der Basalt jünger ist als der Sandstein, beweist obendrein die Auflage von Basalt auf Sandstein.

Hier die Auflösung:

Damit ergibt sich folgendes **Normalprofil**, ergänzt durch die Erdzeitalter (vgl. Anlage „Geologische Zeittafel“):

Petrographie	Alter (s. Anlage)	Aufschlüsse
Basalt	Tertiär	1C
Schluffsteine Konglomerat Sandsteine	Oberkreide	1A, 1G
Rhyolithische Vulkanite (Quarzporphyr, quarzarmer Porphyr, Kugelpechstein)	Oberkarbon/ Rotliegendes	1B, 1D, 1F, 1H
Tonschiefer/ Diabas	Altpaläozoikum	1E, 1J, 1I

Diese Zusammenstellung ist ideeller Natur. Nicht an allen Stellen liegt zwischen Sandstein und Tonschiefer ein Quarzporphyr. Die tatsächlichen Lagerungsverhältnisse verdeutlichen **Querprofile**.

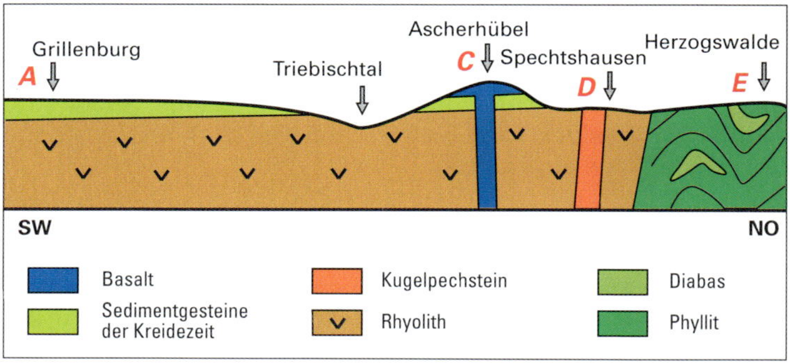

Abb. 23: Querprofil durch den Tharandter Wald

Als Beispiel für ein Querprofil sei der Schnitt etwa von Grillenburg nach Herzogswalde in Abbildung 23 dargestellt.

Das Weißeritztal von Tharandt bis Dresden/Plauen – Geologischer Stockwerkbau zum Anfassen

2

Einführung

Im Laufe der Erdgeschichte ist eine Region dem dauernden Wechselspiel geologischer Prozesse unterworfen. Auf Gebirgsbildungen folgen intensive Abtragung und die Überflutung durch das Meer, die immer wieder durch Trockenlegungen unterbrochen wird.

Jede **Gebirgsbildung** bedeutet dabei eine Zäsur in der Abfolge der Gesteine. Denn diejenigen Gesteine, die zur Zeit der Gebirgsbildung existierten sind einer Metamorphose unterworfen oder zumindest vom Druck der gebirgsbildenden Kräfte in Mitleidenschaft gezogen, das heißt gefaltet, zerbrochen, schief gestellt. Alle Gesteine, die jüngeren Datums sind, zeigen diese Gesichtspunkte nicht.

Gebirgsbildungen sind auf unserem Planeten regional begrenzt und konzentrieren sich auf bestimmte Ränder von **Lithosphärenplatten**. Das bedeutet, dass jede einzelne Region der Welt ihre eigene geologische Geschichte hinsichtlich vergan-

Abb. 24: Karte mit Aufschlusspunkten der Exkursion 2

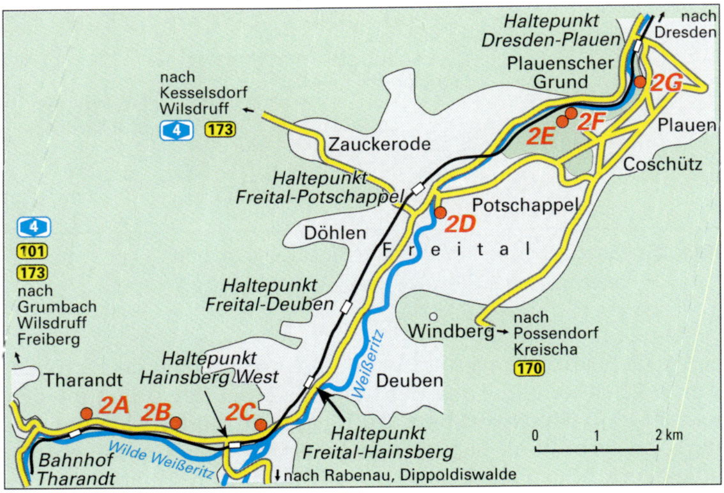

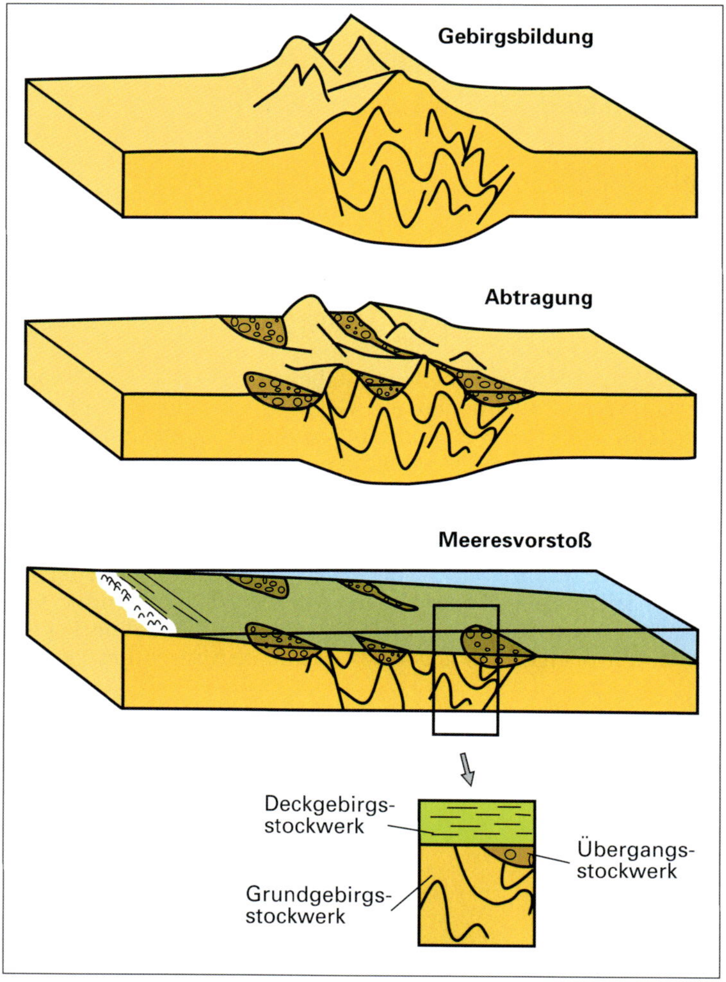

Abb. 25: Geschichtliche Abfolge zum Stockwerkbau und schematischer Stockwerkbau

gener Gebirgsbildungen aufweist. Die entsprechende vertikale, d.h. zeitliche, Gliederung der Gesteine einer Region nennt sich tektonischer **Stockwerkbau**. Im Liegenden finden sich die von der Gebirgsbildung betroffenen Gesteine – das **Grundgebirgsstockwerk**. Darüber liegen die Abtragungsprodukte des Gebirges – das **Übergangsstockwerk**. Im Hangenden folgt das **Deckgebirgsstockwerk** mit seinen horizontal auflagernden Meeressedimenten aus jüngerer Zeit (s. Abb. 25).

Auf jede Gebirgsbildung folgt die Abtragung des Gebirges und neue Meeresüberflutung. Dieser Prozess ist in den Gesteinsabfolgen dokumentiert: Metamorphose, Schieferung, Faltung – Abtragungsschutt – Meeressedimente.

Wie die Gliederung des Kapitels „Geologie von Sachsen“ zeigt, ist die **variszische Gebirgsbildung** Dreh- und Angelpunkt für den Stockwerkbau der Region. Dieser Stockwerkbau ist Gegenstand der Exkursion 2.

Kartenmaterial:
Topographische Karte TK 25, Blätter 5047 Freital und 4948 Dresden
Geologische Karte GK 25, Blätter 5047 Tharandt und 4948 Dresden

Routenvorschläge

Aufgrund des didaktischen Effektes ist eine Abarbeitung der Aufschlüsse in der gegebenen Reihenfolge (2A – 2G) empfehlenswert. Prinzipiell ist auch die umgekehrte Reihenfolge möglich, etwa für den der mit Ausgangspunkt Dresden in Richtung Tharandt, Freiberg oder Chemnitz reisen möchte. Im Normalprofil bewegt man sich dann vom Hangenden zum Liegenden, von jung zu alt.

Die Tour ist gut mit dem Auto zu bewerkstelligen, jedoch ist zu bedenken, dass es am Aufschluss 2B keine Parkmöglichkeit gibt (stark frequentierte Landstraße).

Von Freiberg fährt man durch den Tharandter Wald (Grillenburg) nach Tharandt, weiter nach Freital – Hainsberg, Freital – Potschappel. Man verlässt in Freital die generelle Richtung Dresden und fährt bergauf in Richtung Coschütz, um in der Nähe vom Bahnhof Dresden-Plauen die Schleife zu schließen und über Freital den Weg zurück oder nach Dresden anzutreten.

Auch hier die bessere Variante: zu Fuß; obwohl die gesamte Strecke nicht per pedes zu empfehlen ist, da zuviel Straße und Pflaster begangen werden muss.

Es kommt der Umstand zugute, dass entlang der Exkursionsroute die Eisenbahnlinie Chemnitz-Dresden verläuft. Von Chemnitz oder Freiberg kommend steigt man das erste Mal in Tharandt aus, besucht Aufschluss 2A, läuft über Aufschluss 2B bis Aufschluss 2C und steigt in Hainsberg-West wieder in die Bahn.

Bitte erhöhte Vorsicht in allen drei Aufschlüssen und auf den Zwischenwegen vor der ausgesprochen hohen Verkehrsdichte!

Nächste Station zum Aussteigen ist Freital - Potschappel, wo man Aufschluss 2D anläuft und sich dann auf einen längeren Fußmarsch zur Heidenschanze gefasst macht (2E, 2F). Von da ist es nicht weit zum Hohen Stein (Aufschluss 2G) und von dort zum Bahnhof Dresden-Plauen.

Wer sich Aufschluss 2D schenken möchte, bewerkstelligt die Aufschlüsse 2E bis 2G vom Bahnhof Dresden-Plauen aus.

Aufschlüsse

2A Klippen im Wald, an der Straße Tharandt – Freital, 200 m östlich Bahnhof Tharandt

Koordinaten: ^{46}1225 rechts, ^{56}5120 hoch

Gesteinsansprache! Man erkennt ein grobschiefriges Gestein, das bei Betrachtung durch die Lupe die Minerale Quarz und Feldspat zu erkennen gibt. Die Ablösungsflächen, die die schwache Schieferung erzeugen, werden aus einem dunklen Glimmer, Biotit, gebildet.

Die Schieferung verrät, dass es sich um ein metamorphes Gestein handeln muss. Quarz, Feldspat und Glimmer sind das Kriterium zur weiteren Bestimmung des Gesteins. Ist der Feldspatgehalt hoch genug, das heißt mindestens 20% (Abschätzen!), dann spricht man von einem **Gneis**, so wie hier.

Gneise sind das Hauptgestein des Erzgebirges im geologischen Sinne, an dessen Nordostrand wir uns hier befinden.

Bewegt man sich die Straße weiter in Richtung Freital wird man nach etwa 500 m eine Veränderung des Geländes wahrnehmen.

Karsdorfer Störung, 500 m nordwestlich Haltepunkt Hainsberg-West

2B

Koordinaten: ^{46}1360 recht, ^{56}5100 hoch

Dieser „Aufschluss“ ist ein rein morphologischer, das heißt hier soll lediglich auf die Topographie des Geländes geachtet werden. Hämmer sind nicht von Nöten.

Der „Aufschluss“ befindet sich an einer Stelle an der der linke Talhang die Straße verlässt und das Tal der Weißeritz sich merklich verbreitert. Dort wo der linke Talhang in einer Entfernung von etwa hundert Metern von der Straße erneut einen Knick macht, bemerken wir ein Tälchen, das eine steilere Morphologie in Richtung Westen von einer flacheren Geländebewegung im Osten abgrenzt (s. Abb. 26).

Entlang dieses Bachtales verläuft die Karsdorfer **Störung**, die als Bestandteil der Mittelsächsischen Störung das Erzgebirge im Westen gegen das Elbtalschiefergebirge bzw. das flach auflagernde Döhlener Becken im Osten begrenzt.

Abb. 26: Skizze zur Morphologie an der Karsdorfer Störung

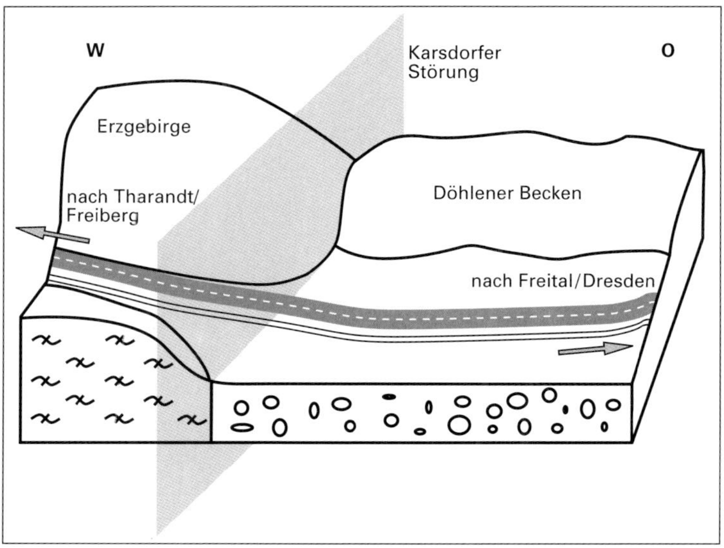

Von der Straße aus gesehen erblicken wir also links das (geologische) Erzgebirge mit seinen metamorphen Gesteinen (Gneise, Aufschluss 2A) und rechts die sedimentären Bildungen des Döhlener Beckens. Letztere Gesteine betrachten wir etwas näher im nächsten Aufschluss.

2C Backofenfelsen, 750 m südwestlich Bahnhof Hainsberg

Koordinaten: ^{46}1450 rechts, ^{56}5100 hoch

An diesem Naturdenkmal ist Klopfen verboten! Jedoch liegen einige Bruchstücke umher und eine Gesteinsansprache ist auch direkt an der Wand möglich.

Betrachtet man die Gesteine in verschiedenen Höhen der Aufschlusswand, dann fällt auf, dass die Petrographie ständig wechselt. Allen Gesteinstypen gemeinsam ist ihre Zusammensetzung aus Bruchstücken. Es handelt sich demzufolge um klastische Sedimente, die sich lediglich durch ihre Korngröße unterscheiden. **Konglomerate** bis dm-Größe sind genauso zu finden wie **Sand** und **Ton**.

Zur Abbildung 27:
Auch wenn man erkennt, dass hier kein Künstler am Werk war, sollten die wichtigsten Eigenschaften einer „handgemachten" Aufschlussskizze deutlich werden. Erstens muss der Aufschluss wiedererkennbar und zweitens müssen die typischen geologischen Eigenheiten des Aufschlusses herausgearbeitet sein. Hier wird die Art der Schichtung nebst der unterschiedlichen Verwitterungsresistenz von Tonen und groben Klastika hervorgehoben. Nebensächlichkeiten sind durchaus legitim, wenn sie nicht die geologische Aussage verschleiern. Bäume und ähnliches schaffen nämlich einen Eindruck für den Maßstab der Skizze.

? Welche petrographischen Gesichtspunkte sind darüber hinaus zu diskutieren?

Die Gerölle der Konglomerate bestehen vorwiegend aus Rhyolith und Gneis. Der „Porphyr" entstammt nahegelegenen Vulkanen der gleichen Zeit, obwohl sie natürlich etwas älter sein müssen als die Konglomerate. Wichtig sind die Gneisgerölle, die belegen, dass hier metamorphes Grundgebirge erodiert wurde.

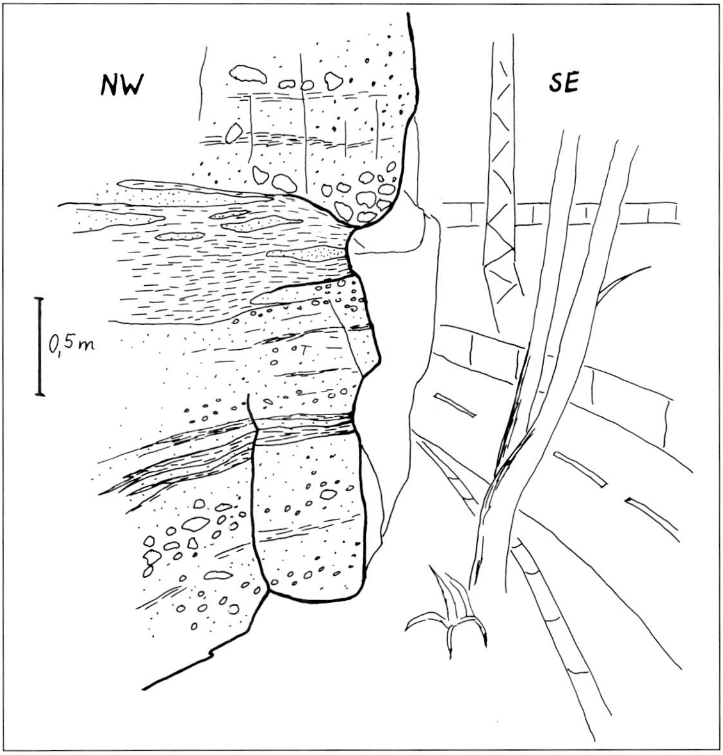

Abb. 27: Aufschlussskizze Backofenfelsen

Ein Blick auf die Sande zeigt weiße Pünktchen, die sich mit dem Messer wegkratzen lassen. Es handelt sich um Kaolinit, der aus Kalifeldspat entstand, was bedeutet, dass Feldspat primär im Gestein abgelagert wurde. Einen feldspatführenden Sand nennt man Arkose. Aber wie kann es sein, dass Feldspat, der bei Wassergegenwart in Kaolinit umgewandelt wird, überhaupt den Weg zur Einbettung schaffte? Die Lösung liegt auf der Hand: Ohne Wasser keine chemische Verwitterung! In der Tat befand sich „Sachsen“ zu dieser Zeit in Äquatornähe und es herrschte Wüstenklima.

Diese Zeit nennt sich **Rotliegendes** und es ist unschwer nachzuvollziehen woher dieser Name stammt. Die roten Farben des Gesteins sprechen für die Gegenwart von Eisenoxiden - ein weiteres Indiz für Wüstenklima.

Die unregelmäßigen Vertiefungen des Backofenfelsens, die ihm seinen Namen gaben, sind ein Ergebnis der heutigen Verwitterung (Abb. 28). Sie zeichnen einen Ton-Horizont nach, der leichter verwittert als die Gesteine darunter und darüber.

Bleibt zu erwähnen, dass die Verdunstung zwar größer war als der Niederschlag (arides Klima), was aber nicht bedeutet, dass hin und wieder fließende und stehende Gewässer existierten. Periodische Flüsse, wie etwa die Wadis heutiger Wüsten, entwässerten die Gebirgsregionen; in Senken sammelte sich Wasser. Durch die hohen Temperaturen konnte an diesen Stellen eine üppige Vegetation gedeihen. Aus den Mooren wurde im Laufe der Zeit **Kohle**, die in Freital aus den Gesteinen des Döhlener Beckens gefördert wurde (Döhlen ist heute ein kleiner Stadtteil Freitals).

2D Ehemaliger Steinbruch am Eichberg in Freital–Potschappel

Koordinaten: ^{54}0635 rechts, ^{56}5355 hoch

Der weiterhin sichtbare Steinbruch dient uns nur als Orientierung. Vor seinem Tor schlagen wir uns rechts in die Büsche und finden am Ufer der Weißeritz die gesuchten Klippen. Um das Bild des Döhlener Beckens zu vervollständigen, werfen wir einen kurzen Blick auf dieses Gestein.

Die grobe Ansprache fällt leicht: dichte Grundmasse mit Einsprenglingen. Daraus folgt porphyrisches Gefüge und vulkanisches Gestein. Die genaue Zuordnung des Vulkanits ist schon schwerer, denn die Einsprenglinge sind schwarz. Es handelt sich um **Hornblenden** (Amphibole), das Gestein ist also nicht so sauer (SiO_2-reich) wie die Rhyolithe. Der Fachmann würde das Gestein als **Latit** bezeichnen. Früher hat man Gesteine dieser Zusammensetzung, die obendrein sehr alt sind, **Porphyrite** genannt.

Abb. 28: Aufschlussfoto des Backofenfelsens

Abb. 29: Handstückfoto vom Monzonit

2E Ehemaliger Steinbruch Heidenschanze, Dresden Coschütz

Koordinaten: ^{46}1875 rechts, ^{56}5520 hoch

Das Gestein ist sehr homogen und wird nur von wenigen Klüften durchsetzt. Es ist recht schwierig hier ein frisches Handstück zu schlagen.

Erkennbar sind die gleichkörnig kristalline Struktur und die rötlichen (Feldspat) und schwarzen Minerale (Hornblende).

Auffällig ist ein sehr grobkörniges Gefüge aus Kristallen, die in unmittelbarem Kontakt miteinander stehen (s. Abb. 29). Diese Textur nennt man **Mosaikgefüge** und sie ist typisch für tiefenmagmatische Gesteine, die **Plutonite**. In der Tiefe hatte das Magma Zeit zum Auskristallisieren, weil das Temperaturgefälle nur gering war.

An Mineralen erkennen wir unschwer Feldspat und dasselbe schwarze Mineral wie in Aufschluss 2D: Hornblende (im Aufschluss oft grün umgewandelt). Es fehlen für einen normalen Granit Quarz und Glimmer (Feldspat, Quarz und Glimmer, das vergess ich (n)immer –> Granitzusammensetzung).

Dieses Gestein ist das plutonische Pendant zum Vulkanit in Aufschluss 2D – ein **Monzonit**.

An der Kürze der Aufschlussbeschreibung bemerken wir die Merkmalsarmut solcher plutonischer Körper, die über zig Kilometer völlig uniform erscheinen können.

2F Ehemaliger Steinbruch Heidenschanze, Dresden Coschütz

Koordinaten: ^{46}1885 rechts, ^{56}5515 hoch

Noch einmal derselbe Aufschluss? Keine Sorge. Es ist ein anderer, obwohl er in der Literatur unter der gleichen Bezeichnung geführt wird wie Aufschluss 2E. Und tatsächlich sind es zwei Steinbrüche, die lediglich hundert Meter voneinander entfernt sind, aber unterschiedliche Gesteine bloßlegen. Spricht der „Magmatiker“ vom Steinbruch Heidenschanze meint er Aufschluss 2E. Ist bei Sedimentologen und Stratigraphen (= Schichtenbeschreibern) vom Steinbruch Heidenschanze die Rede, wird über Aufschluss 2F gesprochen.

? Damit genug verraten, es handelt sich um Sedimente. Es empfiehlt sich von der Steinbruchwand eine Skizze zu machen, weil

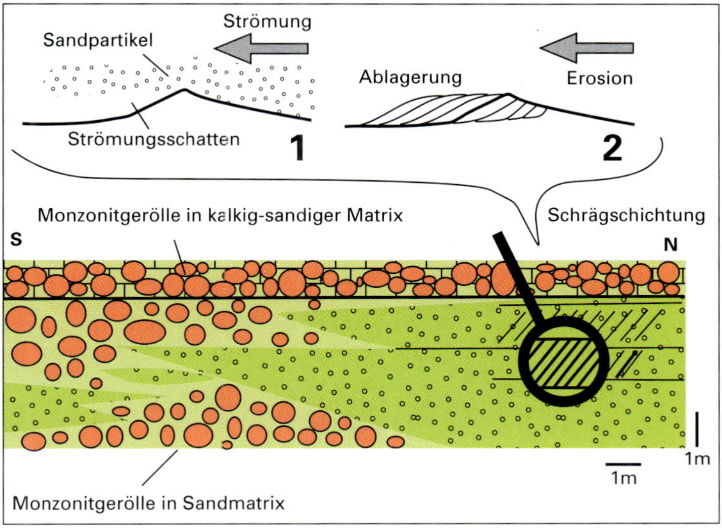

Abb. 30: Skizze des Sandstein-Steinbruchs Heidenschanze mit Skizze zur Entstehung einer Schrägschichtung

auf diese Weise die Lagerungsverhältnisse und die Problematik des Aufschlusses erst richtig erkannt werden. Bitte nicht schummeln und auf die nächste Abbildung schielen!

Die Skizze in Abbildung 30 zeigt, dass die Sedimentgesteine zwar horizontal lagern, jedoch im Horizont nicht aushaltend sind. **Sandstein**bänke keilen aus und werden umgeben von sehr groben **Konglomeraten**, deren **Gerölle** Durchmesser bis über einen halben Meter erreichen können.

Sande und grobe Konglomerate. Man muss nicht viel Phantasie aufbringen um diese Gesteinsassoziation einem Meeresstrand zuzuordnen. Die sehr groben Gerölle erfordern dabei eine felsige **Küste** aus verwitterungsresistentem Material, das nicht sofort zermahlen, sondern in der Brandung als Geröll rund geschliffen wird (Abb 31).

Eine Vermutung bestätigt sich beim Untersuchen der Gerölle. Es handelt sich in der Tat, wenn auch angewittert, um Monzonit, dem Gestein das in der Umgebung (Plauenscher Grund, Aufschluss 2E) ansteht. Dieser Magmatit bildete also die Küste eines Meeres in diesem Raum.

Meeresablagerungen, zumal in warmen Klimaten (wofür die tiefgründige chemische Verwitterung in den Monzonitgeröllen spricht), lassen Kalkgehalte vermuten.

Der Salzsäuretest geht für die hangenden Konglomerate positiv aus. Mit etwas Geduld sind sogar kalkige Fossilien zu finden, die zwar nicht schausammlungsreif sind, dafür aber das Gestein als eindeutig marin ausweisen. Reste von Seeigeln (Stacheln), Korallen und Brachiopoden sind nur im Meer zu finden.

Im nördlichen Eingangsbereich überwiegen über das gesamte Profil hinweg Sandsteine. Bei genauerer Betrachtung sind **Schrägschichtungen** der Sandpartikel festzustellen. Sie sind Zeuge einer Strömung im Brandungs- und Küstenbereich (s. Abb. 30).

2G Hoher Stein, Dresden Plauen

Koordinaten: ^{46}1980 rechts, ^{56}5565 hoch

Vielleicht ist dieser Aufschluss der gefährdetste in Sachsen überhaupt. Er steht unter strengem Schutz und es ist ratsam den Hammer gleich im Rucksack zu lassen um gar nicht erst in den Geruch eines Fossilräubers zu geraten.

?

Seit direkt neben dem Hohen Stein ein Neubau entstand, hat der Felsen mit seinem Aussichtsturm an landschaftlichem Reiz verloren (s. Abb. 33). Eine Aufschlussskizze lohnt sich dennoch.

Nicht auf den ersten Blick, aber nach einiger Betrachtung (ohne Hammer) ist das ganz besondere dieses Aufschlusses erkennbar.

Prinzipiell besteht der Felsen aus Monzonit, der Küstenunterlage. In ihm ist jedoch eine Versenkung taschenartig eingelassen, die randvoll gefüllt ist mit karbonatischem Material. An der Basis dieser Tasche befinden sich Monzonitgerölle, die sicherlich in der Brandung diesen Strudeltopf auskolkten. Das kalkige Material entpuppt sich als pure Ansammlung organischen Schills (Schalenbruchstücke) und besteht damit neben rekristallisiertem Calzit fast ausschließlich aus Fossilien (s. Abb. 34).

Früher war in den Schill eine Tafel mit Inschrift eingelassen. Sie ist längst durch den egoistischen Raub der Fossilien durch falsche Freunde der Geologie herausgefallen.

Hinter dem Hohen Stein hat man eine prachtvolle Aussicht auf den Plauenschen Grund (Abb. 32), der relativ jung ist und

Abb. 31: Aufschlussfoto des ehemaligen Sandsteinbruchs Heidenschanze

Abb. 32: Die Ratssteinbrüche im Plauenschen Grund vom Hohen Stein aus gesehen

Ich lieb

Abb. 34: Aufschlussskizze der Brandungstasche Hoher Stein

zurzeit der Meeresüberflutung in der Kreidezeit noch nicht existierte.

Gegenüber, oberhalb des Autotunnels, befinden sich die ehemaligen Ratssteinbrüche. Dieser Blick ist quasi letzter Aufschluss der Exkursion. Obwohl stark zugewachsen, sind im Hangenden horizontal lagernde Schichten zu erkennen, die einem dunkleren homogenen Material aufliegen. Es sind kreidezeitliche Mergel und Schluffe, die auf den Monzonit des Plauenschen Grundes aufsedimentiert wurden.

Der Monzonit erstarrte als Pluton etwa 150 Mio. Jahre vor der Ablagerung der Sedimente. Die zeitliche Lücke, d.h. die Berührungsfläche zwischen Monzonit und Kreidesediment, nennt man **Diskordanz** (Abb. 35). Dem Erstarren des Monzonitmagmas folgte die Freilegung und Abtragung des Magmatits durch Verwitterung. Erst viel später (150. Mio Jahre nach der Auskristallisation des Magmas) wurden die Sedimente darüber abgelagert.

← **Abb. 33:** Der Hohe Stein

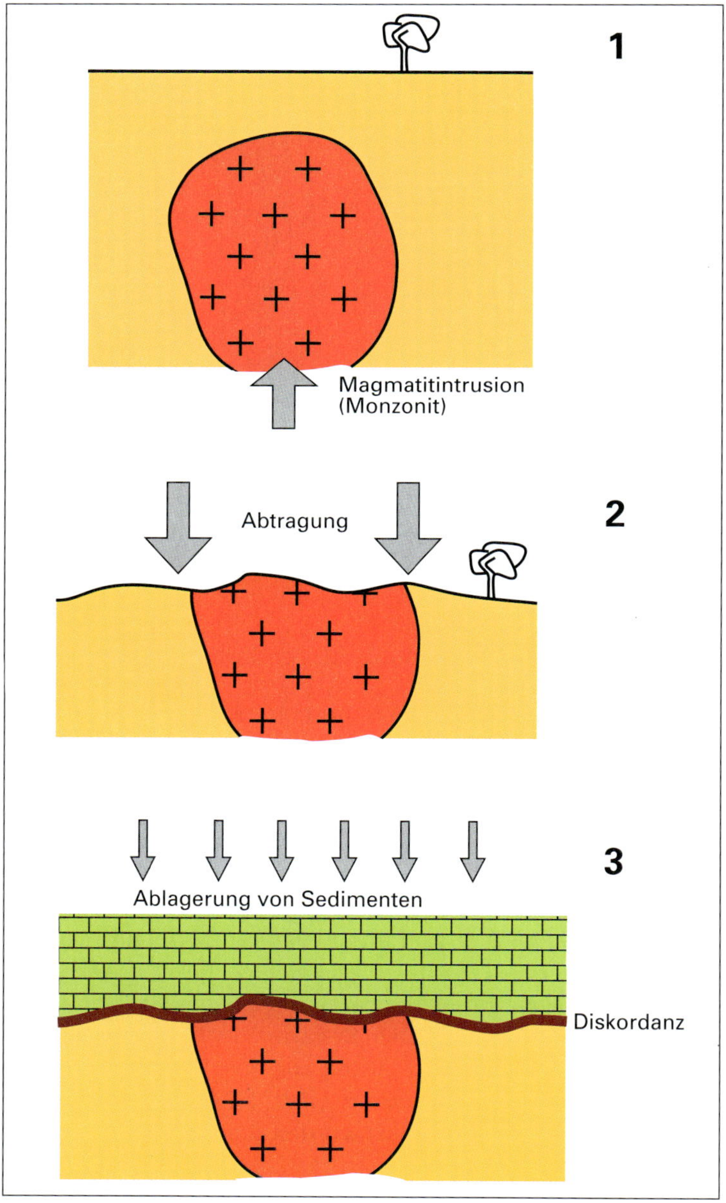

Abb. 35: Skizze zur Entstehung der Diskordanz im Plauenschen Grund

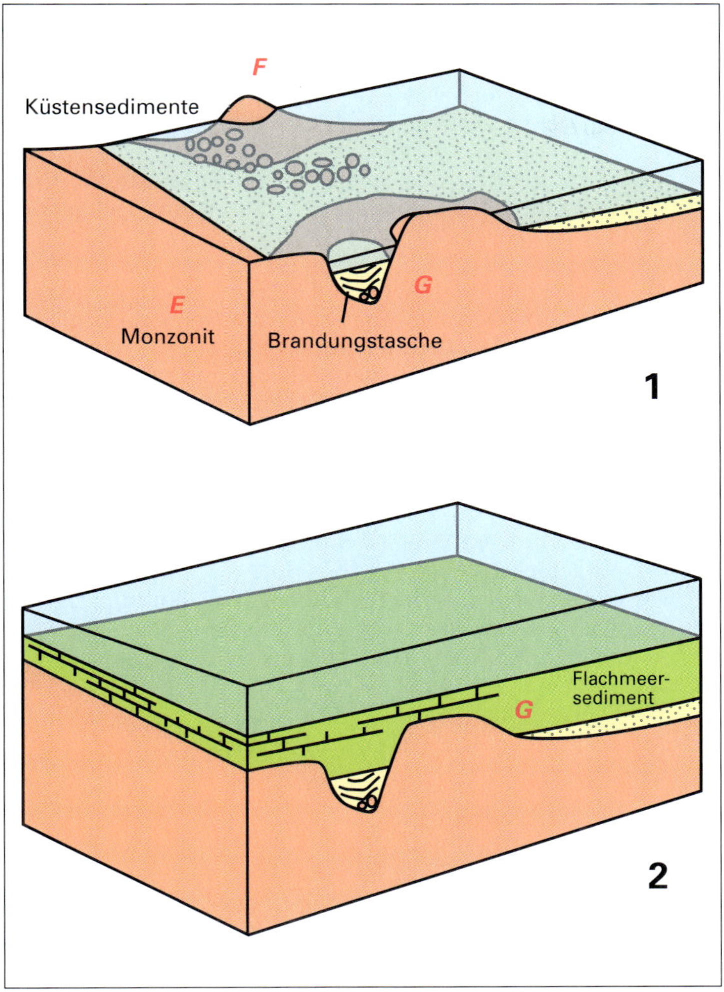

Abb. 36: Skizze der kreidezeitlichen Meeresküste im Plauenschen Grund, dargestellt in zwei Zeitschnitten mit steigendem Meeresspiegel

Damit liegen in den Aufschlüssen 2F und 2G drei Formen ein und derselben Meeresküste vor: Geröll-Sandstrand, Brandungstasche und „off-shore" - Auflagerungen auf kristalliner Unterlage (s. Abb. 36).

Zusammenfassung

?

Die Aufarbeitung dieser einzigartigen Exkursion und Reise durch die Erdgeschichte Sachsens sollte auf zweierlei Weise erfolgen. Durch das Zeichnen von Quer- und Normalprofil.

Das Normalprofil bringt alle beobachteten Erscheinungen in der zeitlichen Reihenfolge vom Liegenden zum Hangenden (Abb. 37).

In liegender Position befindet sich das Erzgebirge, das während der variszischen Gebirgsbildung im Karbon seine metamorphe Prägung erhielt (2A) –> **Grundgebirge**.

Die Abtragung des variszischen Gebirges spiegelt sich in den klastischen Folgen des Döhlener Beckens wider (2C), die Einschaltungen von Vulkaniten enthalten (2D) –> **Übergangsstockwerk**.

Tiefere Anschnitte legen Plutonite frei (2E), die als Folge der Gebirgsbildung mit zum Grundgebirge gezählt werden. Auf ihnen nahmen jüngere Meeressedimente flachlagernd Platz (2F, 2G) –> **Deckgebirge**.

Diese einfache Gliederung (vgl. Abb. 25) ist grundlegend für die gesamte Geologie Sachsens, zumindest westlich der Elbe, und damit der Schlüssel zum geologischen Verständnis der Region.

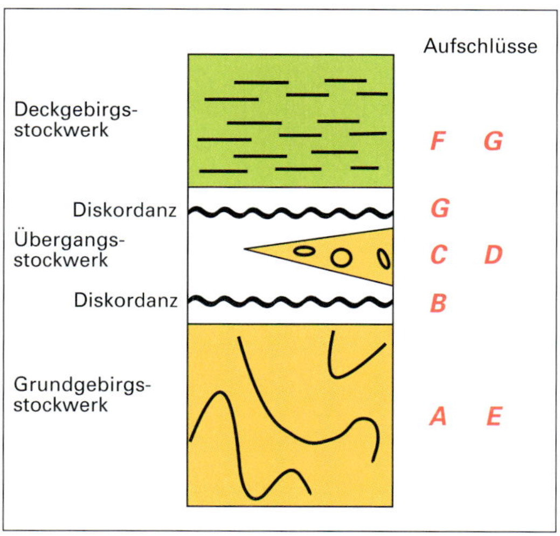

Abb. 37: Normalprofil der angetroffenen Gesteine in Exkursion 2

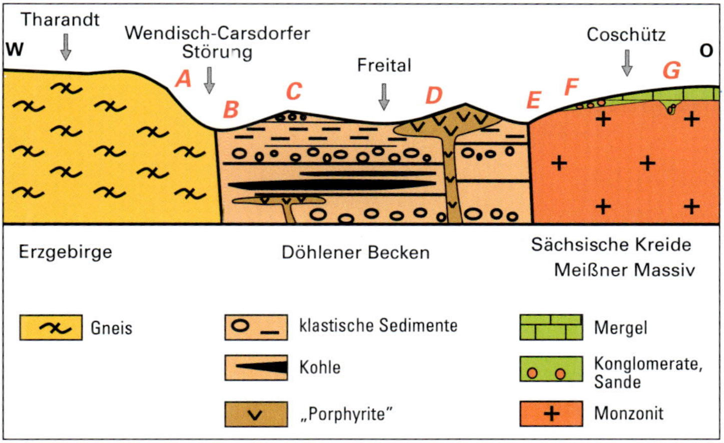

Abb. 38: Querprofil vom Erzgebirge über das Döhlener Becken zum Plauenschen Grund

Ein Querprofil, das die tatsächlichen Lagerungsverhältnisse auf einem West-Ost-Schnitt durch die Gesteine von Tharandt bis Dresden verdeutlichen soll, ist für den Anfänger sicher schwierig. Die skizzenhafte Auflösung zeigt Abbildung 38.

3 Das Bobritzsch- und Muldental von Krummenhennersdorf nach Nossen – Die klassische Grabentour geologisch

Einführung

Mit den folgenden Exkursionen sollen einige Profile durch die Erdkruste Sachsens gelegt werden. Ausgangspunkt ist dabei meist das Erzgebirge. Die vielen Bachtäler bieten sich mit ihren zahlreichen natürlichen Aufschlüssen bestens dafür an.

Jedem Freiberger ist die Grabentour ein Begriff, die ein beliebtes Ausflugsziel am Wochenende darstellt und gespickt ist mit bergbaugeschichtlichen Informationstafeln.

Der Inhalt lautet kurz gefasst so: In den Jahren 1844 bis 1877 wurde zur Entwässerung des Freiberger Erzbergbaus ein **Stollen** gegraben, der etwa 15 km lang ist und von Freiberg bis Rothschönberg südlich Meißen reicht. Über ihn wurde das Grubenwasser in die Triebisch und damit weiter in die Elbe geleitet ohne es zuvor für teures Geld in Freiberg heben zu müssen. Von acht Lichtlöchern her wurde diese bergingenieurtechnische Meisterleistung aufgefahren, von der sich das 5. Lichtloch in der Nähe des Aufschlusses 3B befand. Zum Betreiben der unterirdischen Anlagen wurde Wasser über ein **Graben**- und **Röschen**- (unterirdische „Gräben") system herangeführt, das der Grabentour seinen Namen gab. Siehe zu diesem Thema auch Exkursion 6.

Wir wollen die Grabentour aber geologisch entdecken.

Nachdem in der Exkursion 2 mit dem Stockwerkbau bekannt gemacht wurde, soll dieser nun verfeinert werden. Im Mittelpunkt stehen Verbandsverhältnisse von regionalgeologischen Einheiten, die nicht nur typisch für Sachsen, sondern für alle Gebiete mit variszischem Grundgebirge sind. Gesucht ist ein Krustenprofil im Hangenden des Erzgebirges.

Kartenmaterial:
Topographische Karte TK 25, Blätter 4945 Roßwein, 4946 Mohorn und 5046 Freiberg
Geologische Karte GK 25, Blätter 4945 Roßwein-Nossen, 4946 Tanneberg und 5046 Freiberg

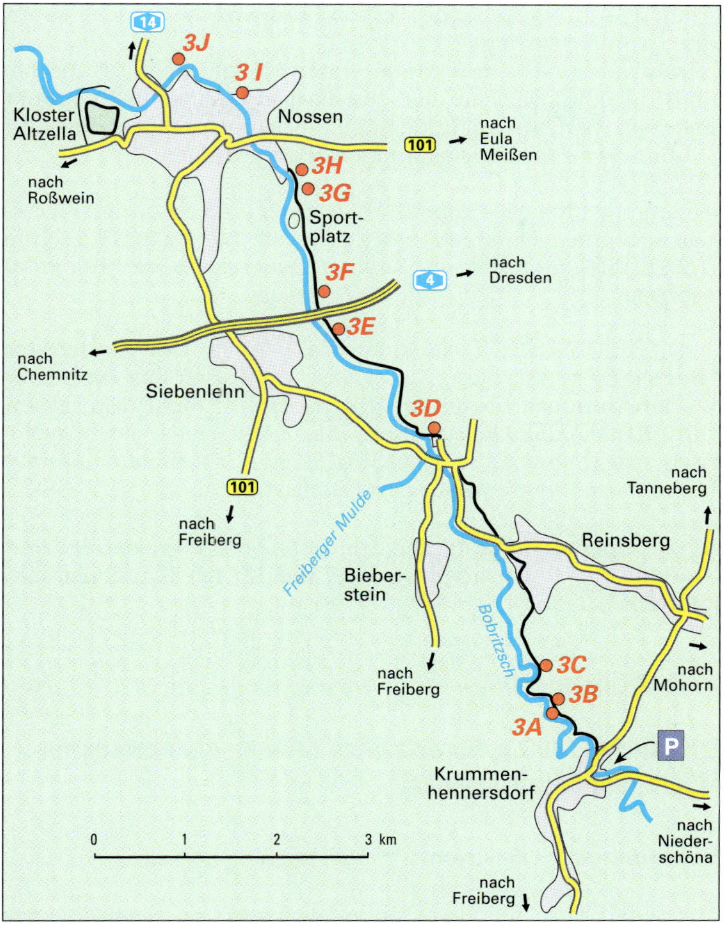

Abb. 39: Karte mit Aufschlusspunkten der Exkursion 3

Routenvorschläge

Diese Exkursion entlang eines Wanderweges ist nur per Fuß im One-Way-Verfahren zu bewerkstelligen.

Problematisch ist die Frage der An- und Abreise, da nicht zum Ausgangspunkt zurückgekehrt wird.

Es fahren am Morgen Busse von Freiberg nach Krummenhennersdorf und regelmäßig Busse von Nossen zurück nach

Freiberg. Am Wochenende werden diese Strecken jedoch kaum oder gar nicht bedient.

Unbequem, aber manchmal einzige Möglichkeit, ist die Lösung mit zwei Kfz, bei der zunächst ein Auto am Zielpunkt abgestellt wird, um am Ende der Exkursion zumindest die Fahrzeugführer zum Ausgangspunkt zurückzubringen.

Wer auf die Idylle des Bobritzschtales, der Grabentour im eigentlichen Sinne, verzichten möchte, kann die Exkursion ohne großen Wissensverlust am Zollhaus Bieberstein im Muldental beginnen.

In Nossen lohnt sich ein kleiner Abstecher zum Klosterpark **Altzella**. Dieses Zisterzienser-Kloster, mit dessen Bau bereits im 12. Jahrhundert begonnen wurde, stellt nicht nur einen kulturhistorischen Leckerbissen dar, sondern ist auch geologisch von Interesse. Seine 1325 m lange Klostermauer besteht aus 10 000 m^3 Phyllit, Diabas und Diabastuff.

Wer, in Nossen angekommen, im Besitz von Auto oder Fahrrad ist, dem bietet sich als Anhängsel der Einzelexkursionspunkt Roßwein (7R) an.

Aufschlüsse

3A Zitzenfichte, 800 m nordwestlich Krummenhennersdorfer Mühle, am Bobritzschufer

Koordinaten: ^{45}9575 rechts, ^{56}5145 hoch

Abgesehen von der etwas außergewöhnlichen Gestalt dieses Nadelbaumes, soll hier auf die Morphologie der Umgebung geachtet werden (Abb. 40).

Bereits auf dem Weg hierher wurde das feste Gestein der steilen Flanken des Bobritzschtales verlassen. Wir befinden uns auf einer einigermaßen ebenen Fläche wenig oberhalb des Baches. Jedoch ragt gegenüber das Steilufer unmittelbar aus dem Bachbett.

Abb. 40: Die etwa 70 m hohe Zitzenfichte ist ca. 200 Jahre alt und in der ➔ Region einmalig

Zitzenfichte

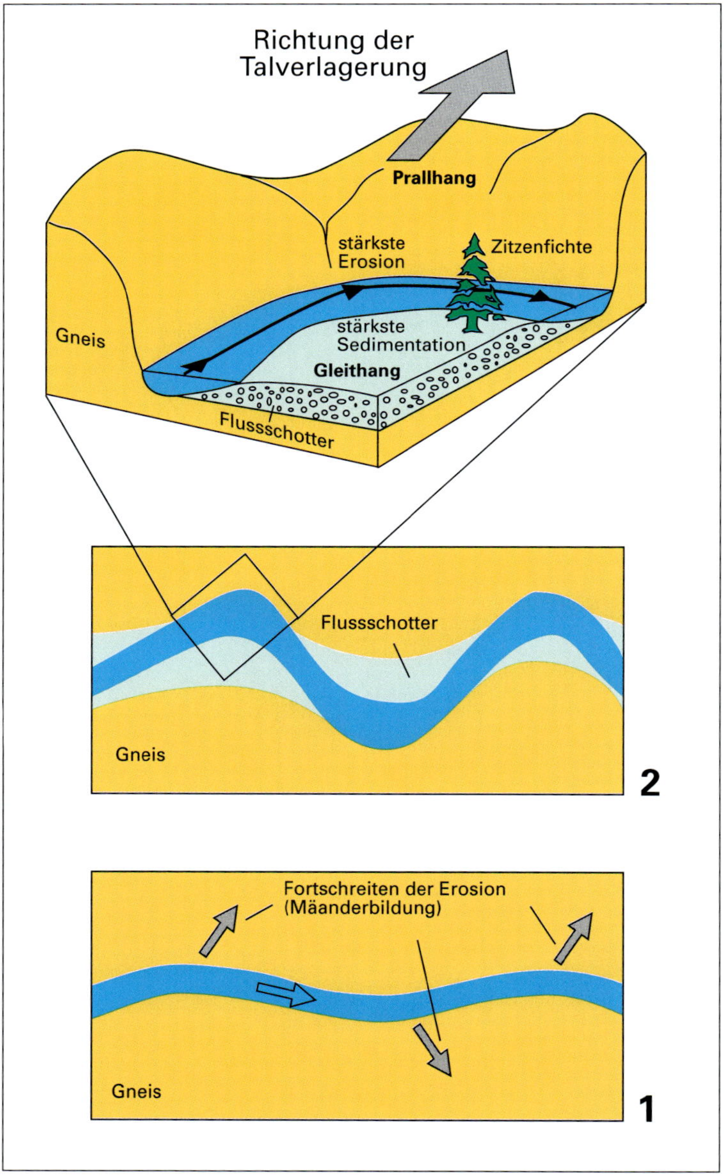

Abb. 41: Skizze zur Morphologie des Aufschlusses 3A und Entstehung von Prall- und Gleithang

Das ist das Phänomen von **Prall**- und **Gleithang**, das typisch für Flüsse und Bäche in ihrem Mittellauf ist und das deren **Mäandrierung** bewirkt. Die wichtigen geologischen Tätigkeiten der fließenden Gewässer (**fluviatile** Vorgänge) sind hier auf einen Blick wahrnehmbar: Abtragung am Prallhang (fluviatile Erosion) und Ablagerung am Gleithang (fluviatile Sedimentation) (Abb. 41).

Porzellanfelsen, 1000 m nordwestlich Krummenhennersdorfer Mühle

3B

Koordinaten: ^{45}9580 rechts, ^{56}5155 hoch

Oberhalb von Weg und Graben (–> Grabentour), der hier in einem Tunnel, der so genannten Porzellanfelsenrösche, verschwindet, befindet sich ein Loch in der Felswand.

Dort bzw. an herumliegenden Handstücken wird man ein Gestein erkennen, das völlig aus Quarz besteht. Es sind keine einzelnen Körnchen erkennbar, was auf einen Sandstein hindeuten könnte. Bei all dem Quarz liegt die Bezeichnung des Gesteins als **Quarzit** nahe.

Durch aufmerksame Betrachtung ist der Quarzit als ein plattenförmiger Körper zu identifizieren, der geneigt und mit scharfen Liegend- und Hangendgrenzen seinem Nebengestein eingelagert ist. Einen solchen Körper nennt man **Gang**. Wahrscheinlich wurde der Quarzit hier als Glasurmaterial für die Porzellanherstellung abgebaut, was den Namen des Aufschlusses erklären könnte.

Das Nebengestein ist nicht einfach zu identifizieren. Um es kurz zu machen: Es handelt sich um einen hydrothermal veränderten Gneis. Das bedeutet, dass heiße Lösungen im Zusammenhang mit einer Brekziierung des Gesteins (Zerbrechen) sowohl Minerale wie Glimmer als auch das Gefüge umwandelten.

Das ursprüngliche Gestein ist besser unten am Weg, oberhalb des Prallhanges zu studieren. Hier kommt das gneisige Gefüge wieder zum Vorschein, Glimmer sind vorhanden und bilden eine Schieferung.

Abb. 42: Foto vom Porzellanfelsen. Der Quarzitgang durchzieht das Bild etwa in der Mitte von rechts oben nach links unten.

Zum Begriff Schieferung: Als Schieferung wird meist eine Hauptablösungsflächenschar in einem metamorphen Gestein bezeichnet. Vergleicht man Gneis zum Beispiel mit einem Phyllit oder Tonschiefer, können die Glimmerbahnen des Gneises kaum als eine Ablösungsfläche bezeichnet werden. Neuerdings benennt man deshalb Flächengefüge relativ neutral mit dem Begriff **Foliation**.

Betrachten wir also die Foliation, bemerken wir eine Neigung derselben. Die Richtung in die die Fläche geneigt ist, nennt sich **Fallrichtung**. Anhand des Sonnenstandes oder besser mit einem Marschkompass kann man die Fallrichtung schätzen. Mit einem Geologenkompass könnte diese Richtung exakt ermittelt werden.

Unsere Schätzung lautet: Nord. Der Wanderweg der Grabentour verläuft ebenfalls weiter Richtung Norden. Setzen wir nun

? unseren Weg fort, laufen wir dann ins Hangende oder ins Liegende bzw. in die Gesteine oberhalb oder unterhalb der hier anstehenden?

Klippen Beiersruhe 1500 m nordwestlich Krummenhennersdorfer Mühle

3C

Koordinaten: ^{45}9560 rechts, ^{56}5185 hoch

Zur Auflösung der gestellten Frage:

Klar, wir stehen hier im Hangenden der Gesteine von Aufschluss 3 B (Abb. 43).

Es steht weiterhin ein Gneis an, diesmal etwas dünnplattiger und die Foliation ist nicht so stark geneigt. Die Fallrichtung bleibt allerdings gleich (Norden), was bedeutet, dass wir weiterhin ins Hangende gehen.

Abb. 43: Skizze zur Fallrichtung, Hangendem und Liegendem

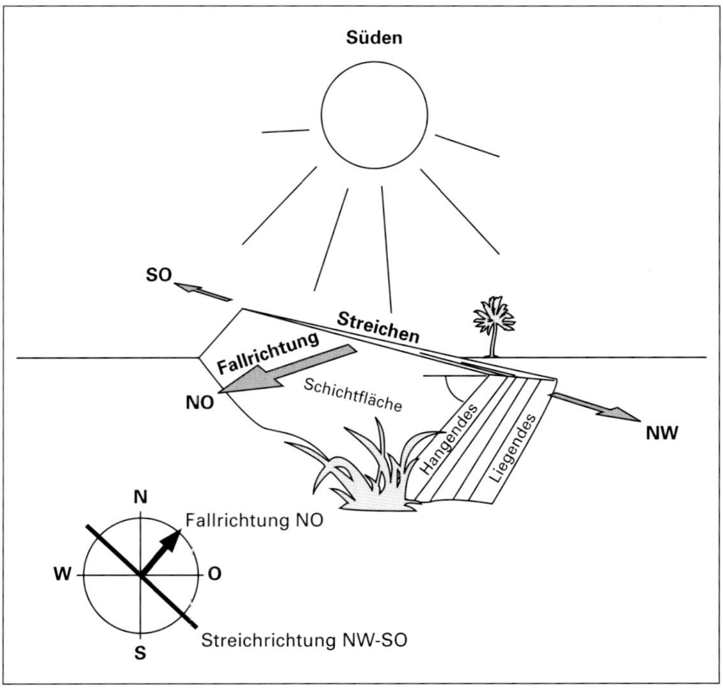

3D Ehemaliger Steinbruch nördlich Papierfabrik, nördlich Zollhaus

Koordinaten: ^{45}9400 rechts, ^{56}5505 hoch

Währenddessen wir das Bachtal verlassen haben, hat sich der Bobritzschbach der Mulde angeschlossen, weshalb das Tal hier etwas weiträumiger und weniger idyllisch ist.

Im Steinbruch sowie in den sich anschließenden Klippen (Kletterfelsen) steht wieder, und versprochen: zum letzten Mal für heute, ein Gneis an.

Gut zu erkennen ist die manchmal ausgeprägte augige Struktur der Gneise.

Und die Fallrichtung? Sie dreht wie gehabt um Nord.

3E Klippen und ehemaliger Steinbruch am rechten Muldentalhang, 200 m südlich Autobahnbrücke (A 4)

Koordinaten: ^{45}9270 rechts, ^{56}5630 hoch

Das Gestein variiert hier sehr stark von fein- bis grobkörnig, von richtungslos bis geregelt.

Zur Mineraldiagnose suchen wir uns selbstverständlich ein grobkörniges Handstück und bemühen obendrein die Lupe.

Erste Erkenntnis: Das Gestein besteht aus weißen und schwarzen Mineralen. Ebene, das Licht spiegelnde Spaltflächen lassen, eine Bestimmung der weißen Minerale als Feldspäte (genauer Plagioklase) zu. Bei den dunklen können wir nur sagen, dass es keine Glimmer sind, da eine ausgeprägte Spaltbarkeit fehlt. Es handelt sich um Amphibole oder **Pyroxene** (tatsächlich sind es Pyroxene).

Gehen wir vom grobkörnigen Typ aus, spricht die Kristallinität für ein tiefenmagmatisches Gestein, einen Plutonit. Die Zusammensetzung, vor allem der Mangel an Quarz, legt basischen Charakter nahe. Das plutonische Äquivalent zum Basalt heißt **Gabbro**.

Abb. 44: Handstückfotos regelloser und geregelter Gabbro

In den meisten Fällen ist dieser Gabbro jedoch zu Schlieren deformiert worden. Das heißt Kräfte waren wirksam, die den ursprünglichen Verband des Gesteins zerstörten. Und das muss unter relativ warmen Verhältnissen passiert sein, weil ja die Minerale plastisch reagierten und nicht zerbrachen. Bezeichnenderweise nennt sich dieses Gestein Flasergabbro und ist von dieser Lokalität (Siebenlehn) recht bekannt.

Als Äquivalente der Basalte kommen die Gabbros dort am meisten vor, wo sich auch Basalte am häufigsten bilden, in den **Mittelozeanischen Rücken**. Geochemische Untersuchungen Freiberger Wissenschaftler belegen tatsächlich eine Bildung der Gabbros in diesen Geburtsstätten von Ozeanböden.

Das Gestein ist stark geklüftet und häufig umgewandelt. Da Pyroxene und Plagioklase Kalzium enthalten, ist die sekundäre Bildung von Kalziumkarbonat gegeben. Weiße Kluftbeläge reagieren dementsprechend auf Salzsäure.

3F Ehemaliger Steinbruch rechtes Muldenufer, 400 m nördlich Autobahnbrücke

Koordinaten: $^{45}9250$ rechts, $^{56}5720$ hoch

Ohne Komplikationen ist das hier anstehende Gestein als Rhyolith zu identifizieren.

Bemerkenswert sind Bleichungszonen, die von Klüften ausgehend das Gestein erfassen. In diesen Zonen erfolgte, wahrscheinlich unter Mitwirkung von organischer Substanz, die durch Sickerwässer aus dem überlagernden Boden mitgebracht wurde, eine Reduktion der in der Grundmasse enthaltenen Eisenoxide.

Handstücke, die aus dem oberen linken Teil des Aufschlusses stammen, weisen eine parallele Textur des Rhyoliths auf. Sie entsteht durch laminares Fließen des heißen Magmas an der Grenze zum Nebengestein. Sie heißt **Fluidaltextur** und ist durchaus typisch für vulkanische Gesteine.

3G Klippen am rechten Talhang beim Sportplatz Nossen

Koordinaten: $^{45}9220$ rechts, $^{56}5830$ hoch

Die starke Schieferung weist ein metamorphes Gestein aus. Seidenmatter Glanz, aber keine erkennbaren Glimmerschuppen, lassen eine Ansprache als **Phyllit** zu.

Nach den letzten zwei magmatischen Aufschlüssen muss erneut die Fallrichtung der Foliation getestet werden.

Es bleibt bei genereller Neigung nach Norden, was heißen soll, dass die Phyllite in unserem Verband metamorpher Gesteine über den Gneisen liegen. Das soll nicht verwundern, denn die Phyllite sind weniger metamorph als die Gneise des Erzgebirges.

Gilt das aber allgemein? Sind Gneise wirklich immer höher metamorph als Phyllite?

Ehemaliger Steinbruch 200 m nördlich von 3G

3H

Koordinaten: ^{45}9220 rechts, ^{56}5850 hoch

Es ist von Bedeutung, hier zunächst wieder den Blick schweifen zu lassen und nicht das erstbeste Handstück zu „besprechen".

Im Aufschluss, der wiederum eine generelle Fallrichtung nach Norden aufweist, wechseln sich stärker und schwächer geschieferte Gesteinspakete ab.

Stärker geschieferte bestehen aus Phyllit, die Tonminerale und mikroskopischen Glimmer- (Muskovit-) Schüppchen bilden die Foliation.

Stärker gebankte Bereiche sind ärmer an schieferungsbildenden Mineralen. Die Lupe weist starke Gegenwart von Feldspat aus.

Überlegen! Metamorphes Gestein mit Glimmern (wenn meist auch nur mikroskopisch) und viel Feldspat ... Natürlich lautet die Ansprache Gneis!

Landläufig wird aber der Gneis automatisch als hochmetamorphes Gestein angesehen. Wie wir hier sehen ein Trugschluss!

Selbstverständlich ist der Erzgebirgsgneis der ersten Aufschlüsse höher metamorph als dieser hier (Erkennbar allein an der Ausbildung großer Glimmerkristalle in der Foliation des Erzgebirgsgneises). Die Ansprache als Gneis für sich, rechtfertigt

Abb. 45: Aufschlussskizze zur Lagerung der Epigneise (gn)

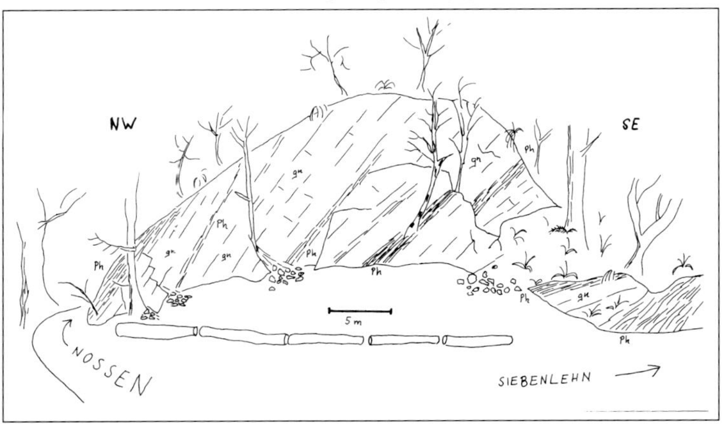

also allein noch keine Rückschlüsse auf den Grad der Metamorphose, sondern ist Kriterium für das Ausgangsmaterial das - metamorphisiert wurde!

Die „alten Kartierer“ fanden einen Ausweg aus dem nomenklatorischen Dilemma und nannten Gneise in phyllitischer (schwachmetamorpher) Umgebung **Epigneise**.

? Wie kann das Ausgangsmaterial hier vor der Metamorphose ausgesehen haben?

Auf jeden Fall gehören die Tone in einen marinen Ablagerungsraum. Feldspatreiches Material könnte darin auf zwei Wege eingeschaltet werden. Entweder durch stärkeren terrigenen (Festlandsursprung) Eintrag von feldspatreichen Sanden, oder durch sauren untermeerischen Vulkanismus.

3I Ehemaliger Steinbruch unterhalb des Bergschlößchens nordwestlich Nossen

Koordinaten: ^{45}9170 rechts, ^{56}5950 hoch

Das Gestein ist sehr feinkörnig. Wirklich weiter hilft der grünliche Farbton des dunklen Gesteins. Die grüne Farbe resultiert aus **Chlorit**, das durch die Umwandlung von Hornblenden entsteht.

Es steht ein Diabas an, der auch hier (wie in Aufschluss 1E) seine ursprüngliche Struktur nicht bewahren konnte.

Innerhalb des Vulkanits stellen bestehende Flächengefüge lediglich Klüfte dar. Glauben wir jedoch den letzten Aufschlüssen, dann sollte sich dieser Diabas im Hangenden der Phyllite befinden.

3J Klippen und Lesesteine am Nordhang der Mulde, nördlich Nossen

Koordinaten: ^{45}9170 rechts, ^{56}5950 hoch bis ^{45}9050 rechts, ^{56}5950 hoch

Neben Phylliten und Tonschiefern finden sich hier Schiefer mit sehr hohem Quarzgehalt, sogenannten **Quarzitschiefer**, und ein

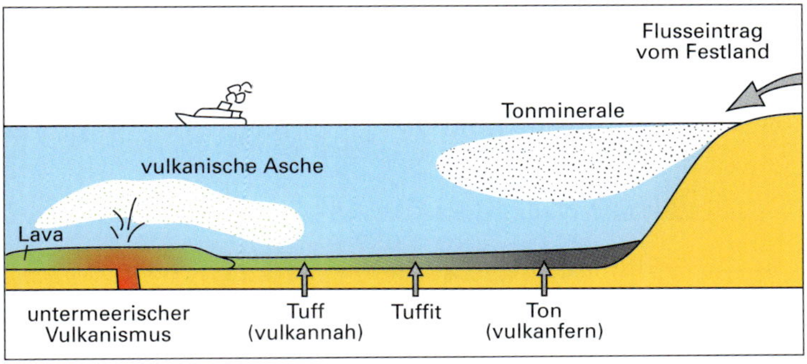

Abb. 46: Skizze zur Entstehung Diabas, Diabastuff, Tonschiefer

Gestein das Merkmale sowohl von Tonschiefer (Foliation) als auch von Diabas (grüne Farbe) aufweist. Es handelt sich um **Diabastuff**, der ein vulkanisches Förderprodukt darstellt und lediglich das **Asche**äquivalent zur Diabaslava darstellt. Solche Ascheauswürfe „regnen“ sich am Meeresboden ab und weisen damit auch die Eigenschaften von Sedimenten auf (s. Abb. 46).

Zusammenfassung

Betrachten wir zunächst die metamorphen Gesteine dieser Exkursion. Ein deutlicher Metamorphosesprung besteht zwischen den erzgebirgischen Gneisen und den Phylliten. Hier tritt die Grenze zwischen zwei regionalgeologischen Einheiten zutage: Erzgebirge und Nossen - Wilsdruffer Schiefergebirge (s. Abb. 5, 7, 47). Letzteres ist auch als Schiefermantel um das Erzgebirge aufzufassen.

Die Grenze zwischen beiden Einheiten wird durch das Auftreten des Flasergabbros nachgezeichnet und findet seine Fortsetzung bis nach Roßwein (7R). Im Zuge der variszischen Gebirgsbildung ist dieses basische Gestein noch in Mitleidenschaft gezogen worden, was seine Flasertextur beweist.

Der Rhyolith (Quarzporphyr) liegt dem metamorphen Verband lediglich auf, was der Umstand, dass das Gestein keinerlei metamorphe oder tektonische Beanspruchung (außer Klüftung) aufweist, belegt. Das Querprofil zu dieser Exkursion verdeutlicht die Lagerungsbeziehungen.

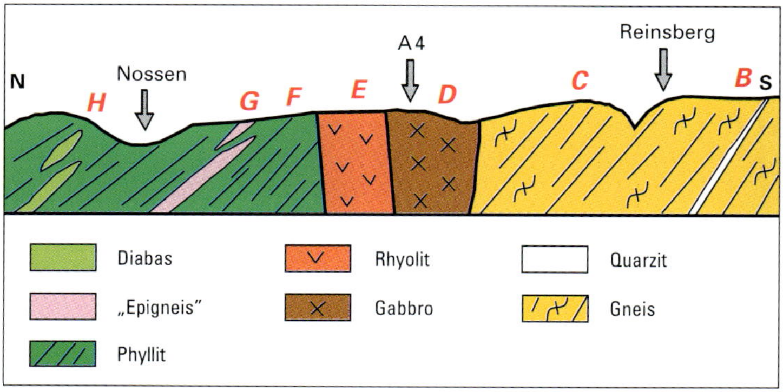

Abb. 47: Querprofil zur Exkursion 3

Die schwächer metamorphen Schiefer mit ihren Gesteinsassoziationen Epigneis, Diabas und Quarzitschiefer führen uns in die typische Abfolge sächsischer und thüringischer Schiefergebirge. Als Normalprofil gilt der Schwarzburger Sattel im Thüringischen Schiefergebirge, wo alle Schichten am besten erhalten sind und das Gestein nur bis zum Tonschiefer metamorphisiert wurde.

Die Verbreitung dieser Gesteinsabfolge im Variszischen Gebirge Europas heißt bezeichnenderweise **Saxothuringikum**, abgeleitet von Sachsen und Thüringen (s. Abb. 48).

Vergleichen wir die gefundenen Petrotypen mit dem Schwarzburger Profil, ergibt sich eine Einstufung der liegenden Phyllite in die monotonen Serien des **Ordoviziums**, der hangenden bunteren Abfolgen ins **Silur** bis **Devon**.

Ohne fossile Belege oder isotopische Altersbestimmung bleibt diese Vermutung natürlich unbewiesen. Diese Idee jedoch, Gesteine allein durch ihre petrographischen Besonderheiten zu parallelisieren und altersmäßig einzustufen, liegt der Methode der **Lithostratigraphie** zugrunde.

Es bleibt zu erwähnen, dass die Lithostratigraphie im Nossen-Wilsdruffer Schiefergebirge bereits durch **Biostratigraphie**, das heißt durch Fossilien, bestätigt wurde.

Alter	Stratigraphie		Petrographie
Karbon	Variszische Orogenese		
	„Flysch"		Grauwacke-Tonschiefer-Wechsellagerung
Devon	Knotenkalke		Kalkstein, Tonschiefer Diabase in Ostthüringen
	Schwärzschiefer		Schwärzschiefer
	Tentaculitenschiefer		Tonschiefer
	Tentaculitenknollenkalk		Kalkstein
Silur	Obere Graptolithenschiefer		Schwärzschiefer
	Ockerkalk		Kalkstein
	Untere Graptolithenschiefer		Schwärzschiefer Kieselschiefer
Ordovizium	Gräfenthal-Formation	Lederschiefer	Tonschiefer
		Hauptquarzit	Quarzit
		Griffelschiefer	schwarze Tonschiefer
	Phycoden-Formation		Tonschiefer Quarzitschiefer
	Frauenbach-Formation		Tonschiefer Quarzit
Kambrium	Goldisthal-Formation		Tonschiefer, Phyllite
Präkambrium	Katzhütter Gruppe		Tonschiefer, Phyllite

Abb. 48: Saxothuringisches Profil des Paläozoikums (Kambrium bis Perm) von Thüringen (vereinfacht)

4 Das Striegistal von Bräunsdorf bis Goßberg – Von Metamorphosesprüngen und dem Zankapfel sächsischer Geologengenerationen

Einführung

Diese Exkursionsroute befindet sich in etwa 10 km südwestlicher Richtung parallel zum in Exkursion 3 begangenen Profil. Auch hier beginnen wir die Exkursion in den Gneisen des Erzgebirges und verlassen diese ins Hangende. Man wird also starke Ähnlichkeiten zwischen Exkursion 3 und 4 bemerken.

Allerdings wird jetzt eine Eigenheit des sächsischen Grundgebirges deutlicher. Nämlich die, dass verschiedengradig metamorphe Gesteine nicht immer in regelmäßiger Abfolge auftreten und ganz offensichtlich Sprünge im **Metamorphosegrad** zu verzeichnen sind.

Für das volle Verständnis dieser Exkursion ist also ein Minimum an Metamorphosekenntnis Voraussetzung. Darüber hinaus bietet diese Exkursion aber auch dem Anfänger einen bunten Mix verschiedener Gesteinstypen und eine eindrucksvolle Wanderung in idyllischer Mittelgebirgslandschaft.

Alle Aufschlüsse befinden sich am rechten Talhang der Striegis. Die meisten Aufschlüsse sind, neben solchen die hier keine Erwähnung finden, mit Tafeln im Rahmen eines geologischen Lehrpfades versehen.

Kartenmaterial:
Topographische Karte TK 25, Blatt 5045 Freiberg West
Geologische Karte GK 25, Blatt 5045 Freiberg-Langhennersdorf

Abb. 49: Karte mit Aufschlusspunkten der Exkursion 4 ➔

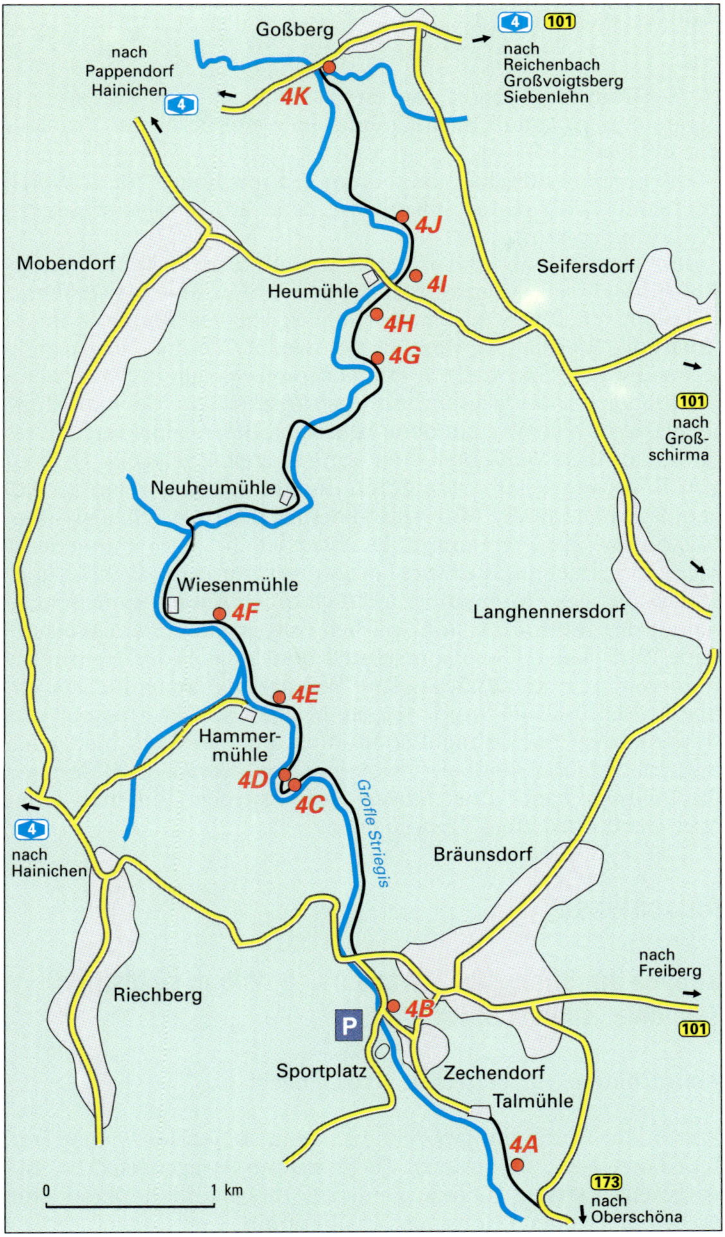
Goßberg
4
101
nach
Reichenbach
Großvoigtsberg
Siebenlehn
nach
Pappendorf
Hainichen
4
4K
4J
Mobendorf
Heumühle
4I
Seifersdorf
4H
4G
101
nach
Groß-
schirma
Neuheumühle
Wiesenmühle
4F
Langhennersdorf
4E
Hammer-
mühle
4D
4C
Grofle Striegis
4
nach
Hainichen
Bräunsdorf
nach
Freiberg
101
Riechberg
P
4B
Sportplatz
Zechendorf
Talmühle
4A
173
nach
Oberschöna
0
1 km

Routenvorschläge

Generell ist diese Exkursion nur zu Fuß oder per Rad zu erledigen. Wie in jedem Bachtal steht aber auch hier das Problem des Rückwegs.

Die gesamte Strecke ist an einem Tag machbar. Will man sich genügend Zeit für die Aufschlüsse nehmen, ist aber schon ein Wintertag zu kurz.

Am besten man teilt die Exkursion in zwei Teile: erstens Bräunsdorf bis Wiesenmühle, zweitens Heumühle bis Goßberg.

Erster Teil. Nach Bräunsdorf fahren von Freiberg aus Busse (Richtung Hainichen). Man läuft entweder von der Wiesenmühle zurück oder lässt sich ein Taxi kommen, vor allem dann, wenn der Biergarten der Wiesenmühle geöffnet und die Geologie durstig gemacht hat. Wer mit dem Auto nach Bräunsdorf reist, muss darauf freilich verzichten. Der im Striegistal gelegene Ortsteil von Bräunsdorf hat einen guten, für unsere Exkursion günstigen, Parkplatz in der Nähe des Sportplatzes, linkes Striegisufer.

Zweiter Teil. Die Heumühle selbst ist mit dem Nahverkehr nicht zu erreichen. Busfahrt kombiniert mit Anmarsch ist über Seifersdorf oder Mobendorf möglich. Auch die Parkmöglichkeiten an der Heumühle sind spärlich und vor allem am Wochenende und in der Pilzsaison schnell besetzt. Von der Heumühle unternimmt man zunächst eine Wanderung bachaufwärts um die Aufschlüsse 4G und 4H zu besuchen. Der flussabwärts beschriebene Teil ist nicht sonderlich lang, weshalb man auch im Striegistal bei Goßberg verbleiben und weiter bis Hainichen durchlaufen kann. Dort fahren Busse zurück und man kann auch noch Aufschluss 7P besuchen.

Aufschlüsse

4A Klippen am Striegistal – Wanderweg, 200 m südöstlich Talmühle, südlich Bräunsdorf

Koordinaten: ^{45}8580 rechts, ^{56}4460 hoch

Wie in der Einführung bereits verraten, stehen hier erzgebirgische Gneise an. Sie besitzen die gewohnte Paragenese (Mineralvergesellschaftung) Quarz, Feldspat, Biotit und besitzen eine mehr oder weniger horizontale Foliation.

4B

Aufschluss an der Pulverkammer, nördlicher Ortsausgang Bräunsdorf im Striegistal

Koordinaten: ^{45}8510 rechts, ^{56}4535 hoch

Die Gedankenkette in der Gesteinsansprache muss lauten: Schieferung - metamorphes Gestein - **Hellglimmer**, **Quarz**, kein oder wenig Feldspat - kein Gneis - Glimmer deutlich erkennbar - **Glimmerschiefer**. Mit der Lupe sind sicher rote Pünktchen zu identifizieren, bei denen es sich um **Granat**, ein rein metamorphes Mineral, handelt.

Es lohnt sich in diesem Glimmerschiefer dem Gefüge etwas mehr Aufmerksamkeit zu schenken.

Bereits in der ersten Exkursion kennzeichneten wir die Schieferung als ein Ergebnis von gerichtetem tektonischen Druck. Das heißt, Tonmineral- oder Glimmerblättchen richten sich durch Umorientierung oder gerichtetes Neuwachstum immer senkrecht zum Druck ein. Diese Schieferung oder Foliation ist also völlig losgelöst von älteren Flächengefügen wie z.B. Schichtung. In diesem Aufschluss lässt sich beweisen, dass ein älteres Flächengefüge existierte, jedoch von der letzten Schieferung überprägt und fast ausgelöscht wurde. Fast, denn wir finden die Überreste der älteren Flächen in auffälligen Quarzlinsen, die bei intensiverer Betrachtung **Falten**umbiegungen erkennen lassen - so genannte reliktische Faltenkerne (s. Abb. 50).

Wie das Schema in Abbildung 51 zur Entwicklung der Foliationen (Flächengefüge) zeigt, muss die ältere Flächenschar einen Wechsel von quarzärmeren und quarzreicheren Lagen dargestellt haben. Niemand weiß, ob es sich dabei um die ursprüngliche Schichtung oder bereits um einen Schieferungslagenbau handelte.

Davon unabhängig kann aber das Ausgangsmaterial des Glimmerschiefers vor der Metamorphose (**Edukt**) vermutet werden. Die vielen Glimmer sind chemischer Ausdruck eines relativ hohen Aluminiumgehalts im Gestein, der nur durch hohen Tonmineralanteil im Ausgangssediment eingebracht werden kann. Quarzreichere Partien repräsentieren dabei gröbere Sedimentlagen, wie Schluff und Feinsand.

Abb. 50: Foto reliktischer Quarzfalten

Abb. 51: Schema zur Schieferungsentwicklung an der Pulverkammer

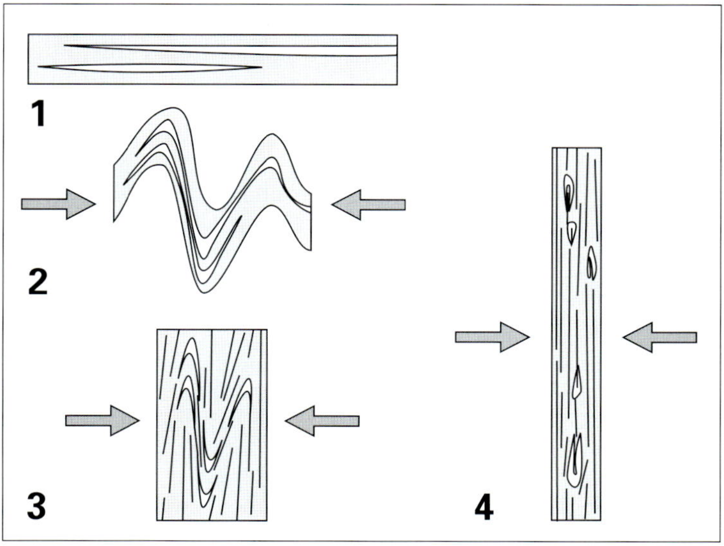

Reine magmatische Gesteine wären nicht in der Lage, den entsprechenden Aluminiumgehalt beizusteuern und würden obendrein Feldspatgehalte erzwingen. Edukt von Glimmerschiefer und Gneis müssen sich demzufolge grundlegend unterscheiden. Die Meinung, dass Glimmerschiefer der metamorphe Vorläufer des Gneises bei ein und demselben Ausgangsgestein sei, so wie es in manchen Büchern bis heute zu lesen ist, gehört in das Reich der geologischen Sagen!

Vorm Verlassen des Aufschlusses noch einen Blick auf das Einfallen der Schieferung! Sie fällt etwa Richtung Norden – die Exkursionsroute, das Striegistal abwärts, bewegt sich demnach ins Hangende.

Prallhang, 1 km nordnordöstlich der Striegistal-Brücke Bräunsdorf

4C

Koordinaten: ^{45}8465 rechts, ^{56}4670 hoch

Die Schieferung, ohne deutlichen Glanz der Schieferflächen oder erkennbare Glimmer, lässt schnell den Rückschluss auf **Tonschiefer** zu.

?

Welche Entfernung liegt schätzungsweise zwischen Aufschluss 4B und hier?

Es sind genau 1300 Meter! Der Tonschiefer, der noch keine phyllitischen Anzeichen aufweist, hat eine Tiefe von über 5 km nie erreicht. Der granatführende Glimmerschiefer muss während der Metamorphose mindestens 10 km Tiefe erlebt haben (in der Tat sind es wesentlich mehr, was man dem Gestein natürlich mit bloßem Auge nicht ansieht). In der Abfolge Tonschiefer – Phyllit – Glimmerschiefer fehlt also eine ganze metamorphe Zone. So etwas nennt man **Metamorphosesprung** und ist nur durch die Existenz einer **Störung** zwischen beiden Gesteinskomplexen zu erklären.

Man sollte sich nicht scheuen, „mit der Nase über die Aufschlusswand zu wandern“. Dann entdeckt man nämlich, dass die Schieferungsintensität schwankt. Feiner geschieferte Bereiche bestehen aus fast reinem Tonen und sind dunkel. In Millimeter- bis Zentimeterabständen schiefern gröbere Sedimente (schluffige bis feinsandige Einschaltungen), die meist heller sind.

4D 100 m nordwestlich Aufschluss 4C

Koordinaten: ^{45}8435 rechts, ^{56}4680 hoch

Deutlich erkennbar ist die petrographische Zweiteilung des Aufschlusses, wobei der eine Gesteinstyp in der auftretenden Wechsellagerung einem Tonschiefer entspricht. Dieser grenzt sich durch seine ausgeprägte Schieferung zum Partnergestein ab, das ausgesprochen schlecht schiefert und lediglich klüftig zerbricht.

Eine Wechsellagerung mit Ton lässt eine ebenfalls sedimentäre Herkunft für das zweite Gestein vermuten, die fehlende Schieferung belegt eine Abwesenheit von Tonmineralen. Unter der Lupe erkennt man ein körniges Gefüge, in dem Glimmer und (schlecht erkennbar) Feldspat vorkommen. Es ist ein feiner Sand, der sehr viele Komponenten aufweist. Solche Gesteine, die schlecht sortiert sind, aber im Wesentlichen in das Korngrößenfeld der Sande gehören, nennen sich **Grauwacken**.

Grauwacken sind immer mit Tonen vergesellschaftet, was der ganz speziellen Bildung von Grauwacken am Fuß von **Kontinentalhängen** geschuldet ist. Lockeres Material, das

Abb. 52: Schema eines Kontinentalrandes mit Turbiditen und Grauwacke-Tonschiefer-Wechsellagerung

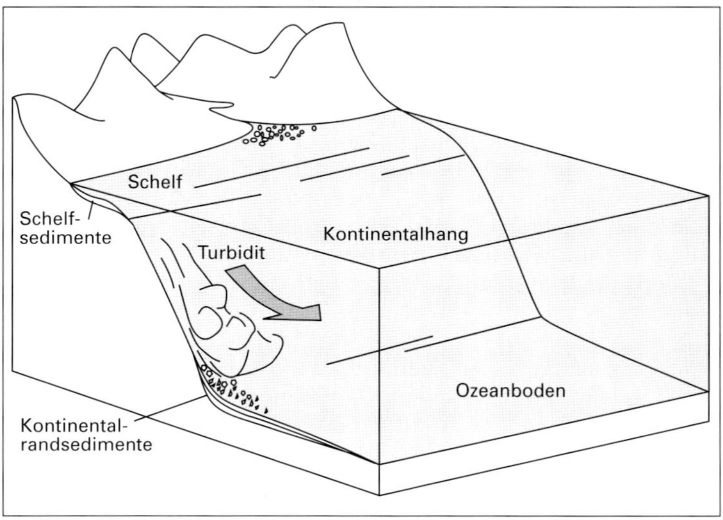

gerade an aktiven **Kontinentalrändern** noch nicht weit transportiert wurde (aus dem nahegelegenen Gebirge), also kaum sortiert oder chemisch aufbereitet ist, kommt zur sehr instabilen Ablagerung auf dem Schelf (Flachmeerbereich des Kontinents) und am Kontinentalhang. Spätestens beim nächsten größeren Erdbeben, die ständige Begleiter aktiver Kontinentalränder sind, kommt das Material zum Rutschen und fährt als gewaltige untermeerische Lawine talwärts in die Tiefsee. Grobe, das heißt sandige, Partikel kommen dabei eher an als Tonminerale, die langsam im Wasser nach unten schweben. Somit entsteht eine Sonderung in eine grobe (Grauwacke) und eine feine Lage (Ton). Solche Schlammströme (**Turbidite**) können hunderte Kilometer Entfernung überwinden und Grauwackenablagerungen von über hundert Meter Mächtigkeit, bei wenigen Metern Tonsediment, erzeugen. Insgesamt erreichen solche Sedimentfolgen an Kontinentalrändern mehrere Kilometer Mächtigkeit.

Als Kontinentalrandsedimente sind Grauwacken-Tonschiefer-Wechsellagerungen Kennzeichen einer tektonischen Entwicklung. Denn Kontinentalränder entstehen durch das Zerbrechen und Auseinandergleiten von Kontinenten und verschwinden durch das Zusammenschieben eines Ozeans und Verschweißen von Kontinenten durch **Gebirgsbildung**. Anders gesagt: Jeder Gebirgsbildung geht die Ablagerung von Kontinentalrandsedimenten (Grauwacken!) voraus. Aus Zeiten da man noch nicht mit der Verschiebung von Kontinenten rechnete, stammt der Begriff **Flysch**.

Ehemalige Steinbrüche gegenüber der Hammermühle 4E

Koordinaten: $^{45}8435$ rechts, $^{56}4710$ hoch

Mag es Zufall sein oder nicht, die Tendenz der Kornvergrößerung aus den Aufschlüssen 4C und 4D setzt sich fort.

Das Gestein ist so grob, dass auch ohne Lupe der Grauwackencharakter erkennbar ist. Im gesamten Aufschlussbereich fehlt eine Schieferung. Damit ist auch die Schichtung nur sehr schwer zu fassen, da erst der Materialwechsel zu Tonschiefer sie zu erkennen gäbe.

Einzelne Bereiche sind so grob, dass eine Ansprache als Konglomerat angebracht erscheint.

Abb. 53: Handstückfoto der konglomeratischen Grauwacke

Betrachten wir dieses Gestein näher: Es finden sich **Gerölle** aus Ton- und Kieselschiefer sowie Quarzit von mehreren Millimetern bis etwa einen Zentimeter Durchmesser. Diese Gerölle stützen sich jedoch nicht gegenseitig sondern sind eingebettet in eine Matrix feinerer Grauwacke. Das Gestein ist damit besser als konglomeratische Grauwacke zu bezeichnen (s. Abb. 53).

Solche „Schlammeinbettungen" der Gerölle belegen einen Ablagerungsprozess in Turbiditen und widerlegen z.B. die Sedimentation in einem Fluss. In Flüssen stützen sich Gerölle gegenseitig, da Matrixmaterial durch die Strömung weiter weg transportiert wird. Das kann man testen, indem man eine „Etage" tiefer geht und im Bett der Striegis die fluviatile (Fluss-) Bildung von Konglomeraten in situ (an Ort und Stelle) studiert.

250 m südöstlich Wiesenmühle

4F

Koordinaten: ^{45}8415 rechts, ^{56}4755 hoch

Vorsicht beim Schlagen des Handstücks! Das Material ist sehr feinkörnig und splittert.

Diese Warnung ist gleichzeitig erstes Indiz bei der Ansprache. Splittrigkeit ist meist ein Beleg für Quarzgehalte. Ansonsten ist das Gestein bestimmungsunfreundlich, nämlich grau, feinkörnig und merkmalsarm. Hin und wieder finden sich aber Einsprenglinge, die das porphyrische Gefüge und damit einen Vulkanit anzeigen.

Allein die Handstückansprache wird nicht zum Erkennen des relativ exotischen Gesteins führen. Es ist ein **Quarzkeratophyr**, der neben Quarz vor allem viel Alkalifeldspat enthält. Als Umbildungen bei schwacher Metamorphose entstanden Chlorit, der das Gestein schwach grünlich färbt und Calzit, der (vor allem angereichert auf Klüften) ab und zu einen positiven Salzsäuretest beschert.

Nach modernerer Ansprache sind solche Gesteine als **Trachyte** zu bezeichnen.

Klippen zwischen Neuheumühle und Heumühle

4G

Koordinaten: u.a. ^{45}88490 rechts, ^{56}4900 hoch

Das Gestein ist stark klüftig und zerbröselt schnell beim Anschlagen. Das mag die Identifizierung etwas schwierig machen, jedoch führen Feldspatgehalte und schwache Schieferung zur Schlussfolgerung Gneis.

Moment! Hatten wir nicht das höher metamorphe Erzgebirge mit Gneisen und Glimmerschiefern hinter uns gelassen? Folgt man dem prinzipiellen Krustenaufbau laut Exkursionen 2 und 3, dann müssten sich im Hangenden immer schwächer metamorphe Gesteine anschließen, so wie von 4B bis 4F zu beobachten war.

Natürlich ist der Einwand berechtigt, dass Gneis schließlich auch schwach metamorph in Phylliten eingelagert vorliegen kann und lediglich das Edukt sich ändert, nicht aber der Metamorphosegrad. Petrologische Kennzeichen, die dem Anfänger als Spitzfindigkeiten erscheinen könnten, wie das Vorhandensein von metamorphem Biotit, widerlegen jedoch die These vom Epigneis (s. Aufschluss 3H).

„Echter“ höher metamorpher Gneis grenzt also an schwach metamorphe Gesteine: Der nächste **Metamorphosesprung** ist perfekt.

4H Steinbruch 150 m südlich Heumühle

Koordinaten: ^{45}8490 rechts, ^{56}4935 hoch

Auch hier steht wie im letzten Aufschluss Gneis an. Das Gestein wurde unter relativ kalten Bedingungen noch einmal deformiert und das ursprüngliche Gefüge dabei etwas entstellt.

Vor allem Feldspat ist mit bloßem Auge schwer zu erkennen, was zunächst die Ansprache als Glimmerschiefer provoziert. Obendrein sind die Glimmeranteile in diesem Aufschluss recht hoch.

4I Klippen 200 m nordöstlich Heumühle

Koordinaten: ^{45}8510 rechts, ^{56}4960 hoch

Die Bestimmung des Gesteins als **Konglomerat** ist schnell erledigt. Für die vollständige Ansprache bedarf es aber etwas mehr Geduld.

?

Da dieses Konglomerat aus verschiedenen Komponenten besteht (**polymikte** Zusammensetzung), stellt dieser Aufschluss für sich eine Übungsstunde in Petrographie dar. Insbesondere sollte man versuchen, Antworten auf folgende Fragen zu finden:

- Ein Konglomerat ist ein Sedimentgestein. Finden wir eine dementsprechende Schichtung?
- Wie steht es mit dem Rundungsgrad, der Korngröße und der Sortierung der einzelnen Gerölle nach der Größe?
- Welche Gesteinstypen sind enthalten? Liste anfertigen!
- Woraus besteht die Matrix in die die Gerölle eingelagert sind und welches Bindemittel hält das Gestein zusammen?

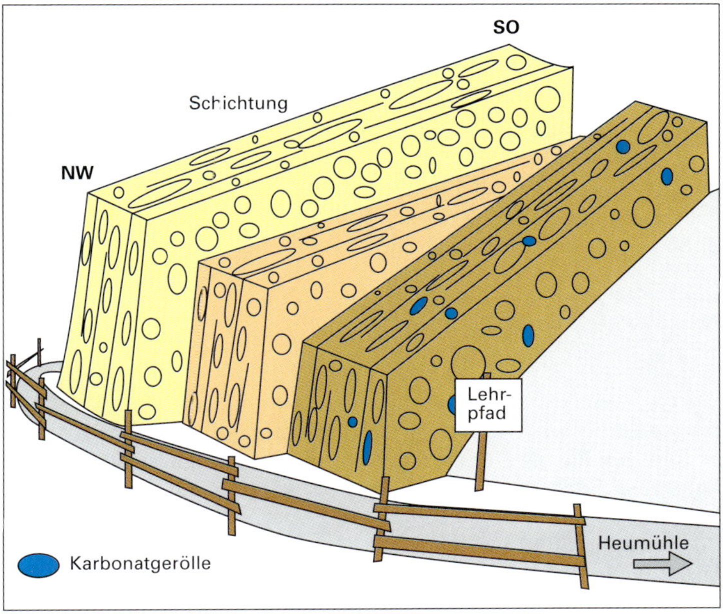

Abb. 54: Skizze des Konglomerat-Aufschlusses an der Heumühle

Ein Sediment lagert sich mehr oder weniger horizontal ab. Versuchen wir dementsprechend eine waagerechte Schichtung im Aufschluss zu finden, werden wir wenig Erfolg haben. Ausschau gehalten werden muss nach einem lagenweisen Wechsel in der Korngröße und einer bevorzugten Orientierung von plattigen Geröllen.

Tatsächlich findet sich eine vertikal stehende **Schichtung** mit teilweise deutlichem Materialwechsel und parallel zur Schichtung eingeregelten Geröllen (s. Abb. 54).

Die Gerölle sind mäßig bis gut gerundet, aber relativ schlecht nach Korngröße sortiert. Das sehr breite Spektrum von über 0,5 Metern Durchmesser bis weit unterhalb Sandkorngröße (unterhalb 2 mm Durchmesser) lässt keine deutliche Unterscheidung zwischen Geröll und Matrix zu. Rein makroskopisch (oder mit Salzsäuretest) ist auch kein **Bindemittel** zu erkennen. Es liegt die Vermutung nahe, dass **Drucklösung** an den Berührungspunkten der Gerölle die Komponenten verschweißt hat (s. Abb. 55).

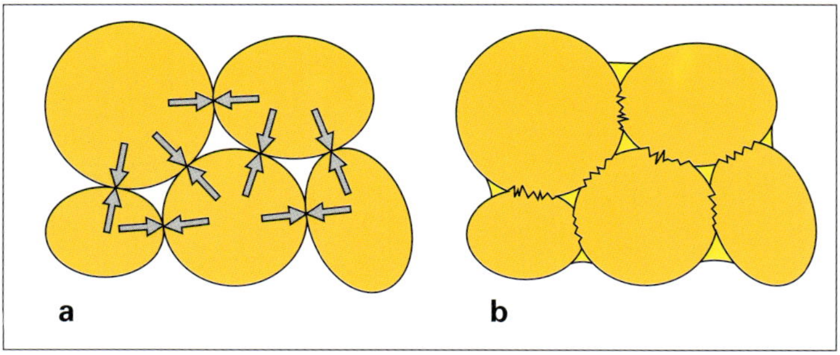

Abb. 55: Prinzip der Drucklösung

Die Gewichtskraft eines klastischen Gesteins (z.B. Konglomerate oder Sande) wird lediglich punktförmig an den Berührungsstellen der Partikel übertragen (55 a). Entsprechend der physikalischen Formel p=F/A ist an diesen Stellen der Druck sehr hoch, was wiederum eine Heraufsetzung der Löslichkeit (in diesem Falle SiO_2) zur Folge hat. Gelöstes Material wandert vom Druck weg und kristallisiert im „Druckschatten" aus (55b). Die Komponenten des Konglomerats verbacken somit durch zwei Effekte: 1. durch Verzahnung am Ort der Lösung und 2. durch Verkitten am Ort der Fällung (gelb).

Bei aller petrographischen Vielfalt, folgende Gesteinstypen sind am häufigsten im Konglomerat vertreten: verschiedenfarbiger Quarzit, vergrünter Diabas, Diabastuff (stärker schiefrig) und Gneis.

Im südlichsten Teil dieses Aufschlusses finden sich obendrein **Kalkgerölle** von 10 bis 40 cm Durchmesser.

Der ehemalige Sedimentationsraum muss, nach all den gewonnenen Erkenntnissen, ein geologisch sehr buntes und sich häufig änderndes Einzugsgebiet gehabt haben. Dafür spricht zum Beispiel das Auftreten von Kalkgeröllen in nur einem Horizont.

Der Transportweg war sicher nicht lang, aufgrund der schlechten Sortierung. Dafür war aber der Transport relativ „intensiv", wofür die doch recht guten Rundungsgrade sprechen. Sehr wahrscheinlich ist ein fluviatiler Transport mit steilem Gefälle. Denkbar ist auch ein Transport wie er in Gebirgswüsten stattfindet, wenn seltene Regenfälle katastrophale Schlammströme bis weit ins Gebirgsvorland verursachen.

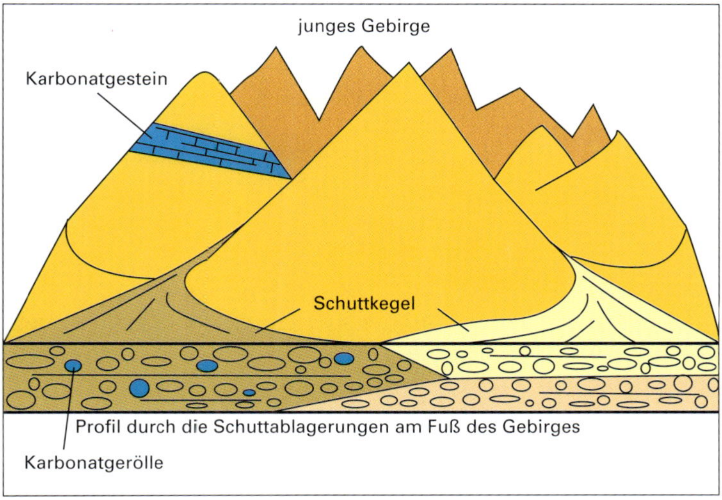

Abb. 56: Skizze zum Ablagerungsraum der Frühmolasse

Man interpretiert diese Gesteine als die ersten Abtragungsreste eines sich bildenden Gebirges (**Frühmolasse**). Tektonische Prozesse, in Form von unterschiedlichen Hebungen oder Brüchen, sorgen dafür, dass die Schuttmassen immer wechselnder Gebirgstäler herbeigeschafft werden (s. Abb. 56). Am Ende der hier zu beobachtenden Ereignisse, stellt die Tektonik diese Schuttablagerungen selbst steil. Ein Zeichen der in Begriff befindlichen **Gebirgsbildung**.

Prallhang 100 m nördlich 4I, so genannte Hölle

4J

Koordinaten: $^{45}8510$ rechts, $^{56}4970$ hoch

An diesem Prallhang der Striegis schauen wir direkt auf die Schichtungsfläche des in Aufschluss 4I angetroffenen Konglomerates. Die Raumlage der Schichten hat sich dabei nicht verändert; nur der Anschnitt ist aufgrund der Wegkurve ein anderer.

Auffällig ist die ausgesprochene Größe der Gerölle, die bis über einen Meter im Durchmesser erreichen. Kalkgerölle wird man umsonst suchen.

4K Klippen südlich Goßberg am Berzebach

Koordinaten: ^{45}8480 rechts, ^{56}5080 hoch

Das Gestein erscheint stark angewittert. Zur grauen Färbung gesellt sich im frischeren Bruch ein Stich ins Grüne. Diese Färbung lässt erneut einen umgewandelten basischen Magmatit vermuten. Dem dabei herrschenden Intensitätsgrad (Druck und Temperatur) der Metamorphose entsprechend wurde das Gestein genannt: **Grünschiefer** (Grünschiefer-Fazies).

Nicht nur in Sachsen wird der spezielle Gesteinstyp hier, auch **Prasinit** genannt.

Zusammenfassung

Der Ausgangspunkt (Aufschluss 4A) der Exkursion stellte zweifellos das Liegende des abgeschrittenen Profils dar – nämlich höhermetamorphe Gesteine des Erzgebirges. Nach einem Metamorphosesprung folgte im Hangenden eine äußerst schwach metamorphisierte Abfolge mariner Kontinentalrand-Sedimente (s. Abb. 57). Auf einen erneuten Metamorphosesprung war darauf wieder höher metamorphes Gestein anzutreffen. Die mut-

Abb. 57: Querprofil zur Exkursion 4

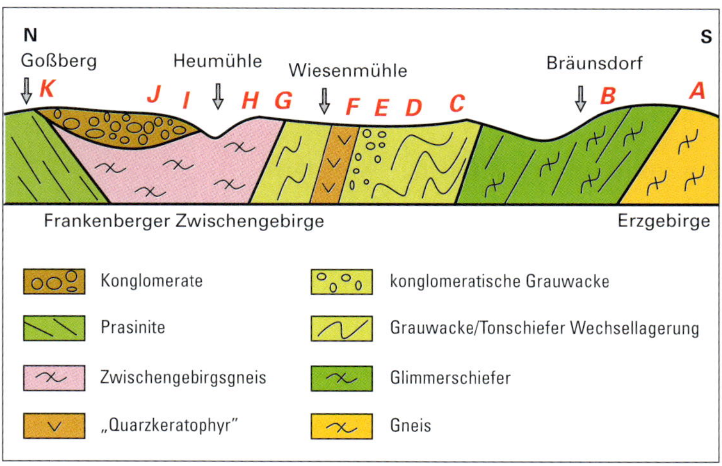

maßlich jüngsten Ablagerungen sind aufgrund ihrer fehlenden Metamorphose und ihrer Führung metamorpher Komponenten die molassoiden Konglomerate (s. Abb. 58).

Vernünftige geologische Betrachtungen gehen, aufgrund der aktuellen Altersdatierungen, davon aus, dass das metamorphe Grundgebirge Sachsens im **Variszikum** entstand. Das bedeutet, dass z. B. die meisten Gneise und Glimmerschiefer des Erzgebirges im Unterkarbon (vor etwa 350 bis 340 Mio. Jahre) ihren metamorphen Höhepunkt erlebten.

Zur selben Zeit (Unterkarbon) lagerten sich an einem **Kontinentalrand** Sedimente ab, die heute, getrennt durch eine Störung („Metamorphosesprung 1"), neben den Metamorphiten liegen.

Heutige **aktive Kontinentalränder**, wie z. B. am Westrand der Anden, könnten ein ähnliches Regime darstellen. Dort wird der pazifische Ozeanboden unter Südamerika verschluckt. Dort findet unter der kilometermächtigen Überlagerung der Anden eine Metamorphose statt. Gleichzeitig wird das Gebirge erodiert und sein Material unter erdbeben-induzierten Schlammströmen in die Tiefsee befördert. Die spätere Kollision zweier Kontinente (für das genannte heutige Beispiel wären das Asien und Amerika) ist in der Lage unterstes zuoberst zu bringen. So auch die Grauwacken und Tonschiefer (Aufschlüsse 4 C, 4 D, 4 E) neben Gneise und Glimmerschiefer (4 A, 4 B).

Ab dem obersten Unterkarbon wird der Gebirgsschutt auch an Land (zwei große Kontinente vereinigen sich jetzt) weiträumig abgelagert (**Molasse**, Aufschlüsse 4 G, 4 H).

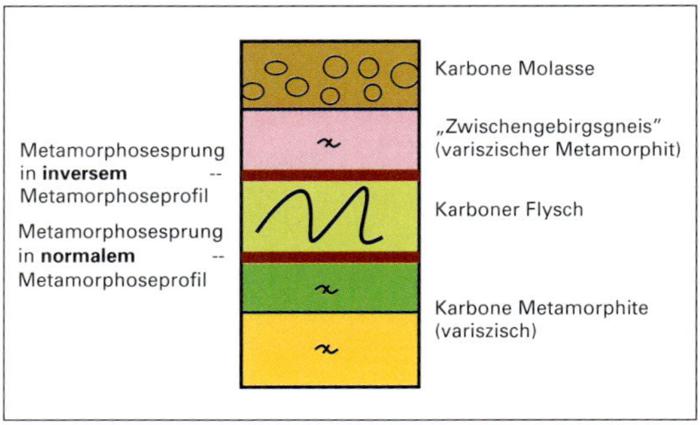

Abb. 58: Normalprofil zur Exkursion 4

Als man horizontale Bewegungen von Platten noch nicht für möglich hielt, denn das Modell der Plattentektonik existiert erst seit Mitte des 20. Jahrhunderts, hielt man die Metamorphite einfach für älter. Sie repräsentierten ein relativ altes Gebirge, das bereits abgetragen war, als das Meer erneut über es hinwegschwappte und mit ihnen marine Sedimente abgelagert wurden. Problematischer war da schon der „Metamorphosesprung 2".

Bereits seit der ersten Kartierung am Ende des 19. Jahrhunderts stand das Problem des auffallenden Metamorphosesprungs zwischen karbonischen Sedimenten und Gneisen um Hainichen im Mittelpunkt der Modell-Diskussionen der sächsischen Geologen.

Zwei prinzipielle Möglichkeiten wurden (und werden leider hundert Jahre später immer noch) diskutiert (s. Abb. 59).

Das eine (**fixistische**) Modell sieht den Gneis von Frankenberg und Hainichen als Ausquetschung zwischen Erzgebirge und nördlich angrenzendem Granulitgebirge. (Ein kleiner Vorgriff

Abb. 59: Die zwei Grundmodelle zur Entstehung des Zwischengebirges

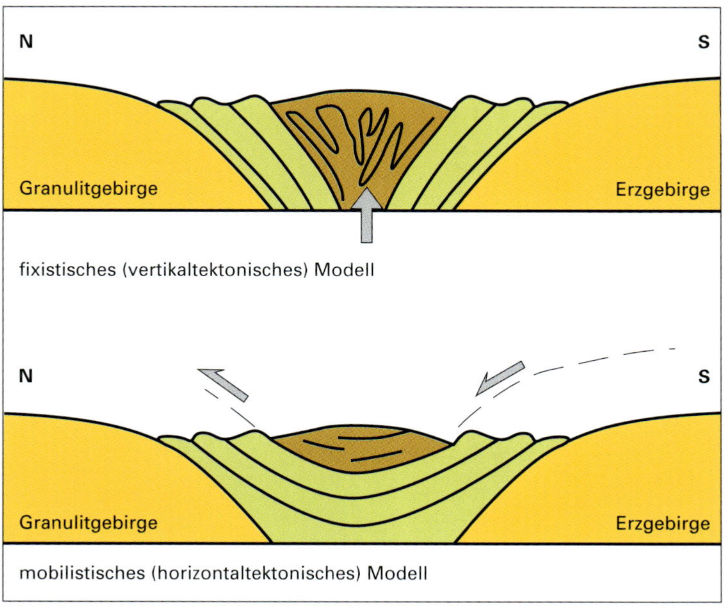

auf die nächste Exkursion sei hier erlaubt.) Aus der Lage zwischen Erzgebirge und Granulitgebirge ergibt sich die regionalgeologische Bezeichnung für diese Gneise und ihre Umgebung als Frankenberger Zwischengebirge.

Das zweite (**mobilistische**) Modell akzeptiert den horizontalen Transport von geologischen Einheiten während der Gebirgsbildung. Ursprünglich brachten Geologen diese Ideen aus den Alpen mit, wo solche **„Decken"** mit Transportweiten von hunderten Kilometern seit 1884 bekannt waren.

Interessanterweise befinden sich in der Verlängerung des Frankenberger Zwischengebirges nach Südwesten weitere Gneiseinheiten ähnlicher Stellung. Ähnlich war auch die Diskussion über ihre Entstehung.

In der Münchberger Gneismasse in NO- Bayern wird der geologische Sachverhalt noch deutlicher (s. Abb. 60). Hier überlagert ganz offensichtlich ein Gneiskomplex, der allerdings nicht nur

Abb. 60: Blockskizze zum Zwischengebirge und der Kontinentalen Tiefbohrung (KTB):

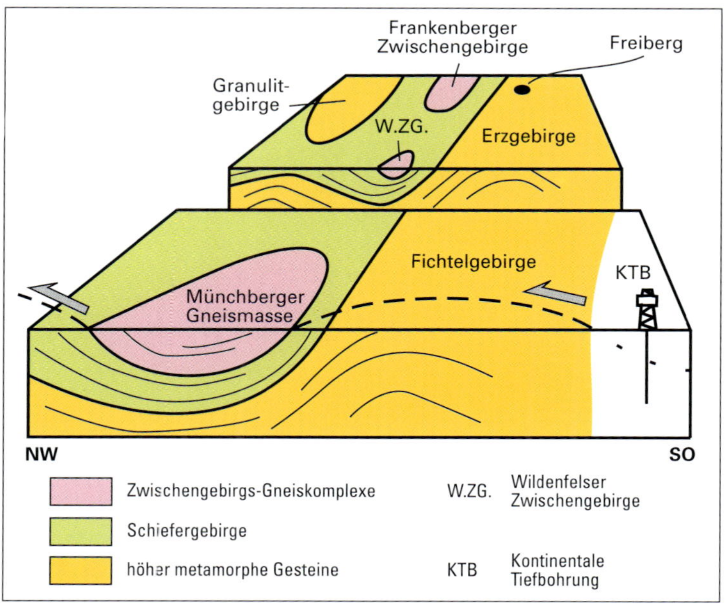

Gneis, sondern auch noch höher metamorphe Gesteine beinhaltet, unmetamorphes Unterkarbon, also Tonschiefer und Grauwacken. In den hochmetamorphen Gesteinen sind beispielsweise rückläufig (retrograd) umgewandelte basische Metamorphite enthalten – vielleicht die Äquivalente unserer Prasinite (Aufschluss 4J).

Der Rückschluss auf horizontale Deckenbewegung in der Münchberger Gneismasse war einmal der gedankliche Ausgangspunkt für die Bohrung des tiefsten Loches Deutschlands, der **Kontinentalen Tiefbohrung (KTB)** Windischeschenbach.

Man hatte die Idee, dass unter den Gesteinen, die südlich des Fichtelgebirges lagern und der Münchberger Gneismasse sehr ähnlich sind, Äquivalente von Fichtel- und Erzgebirge zu finden sein müssten. Man fand aber dieselben Gesteine wie an der Oberfläche. Das geologische Ansatzmodell zur KTB war also falsch.

Das Zschopautal nördlich Frankenberg – Die Kruste ist zu dünn!

5

Einführung

Gewissermaßen stellt diese Exkursion eine Verlängerung der Striegistalexkursion nach Norden hin dar. Nur, dass das Profil im Bereich des Frankenberger Zwischengebirgsgneises abgesetzt ist und etwas weiter westlich wieder einsetzt. Damit erlaubt die Kombination von Exkursion 4 und 5 ein vollständiges Profil vom Erzgebirge im Süden und zum **Granulitgebirge** im Norden.

Abb. 61: Karte mit Aufschlusspunkten der Exkursion 5

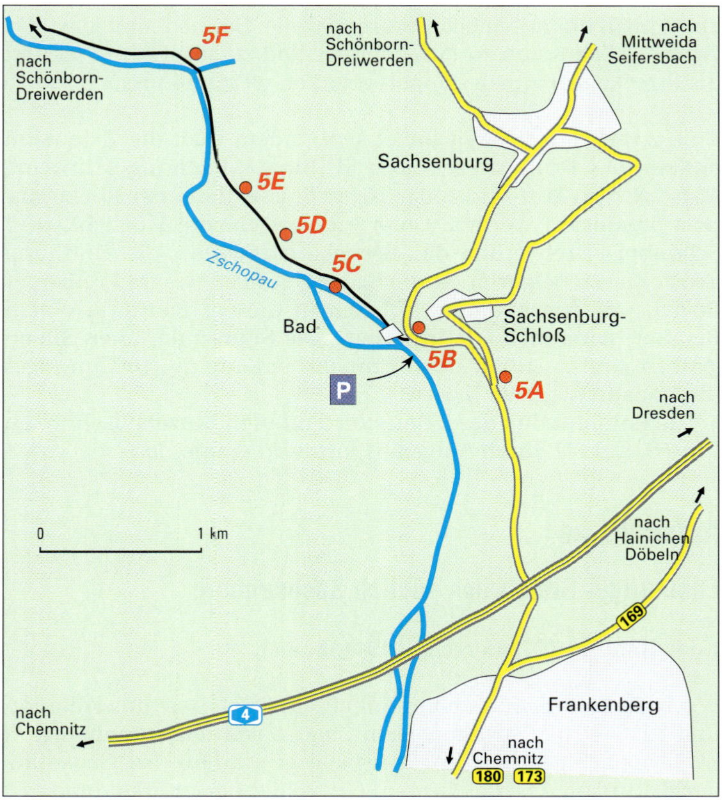

Sind aus dem Zwischengebirgsgneis heraus nach Norden ähnliche Übergänge und Metamorphosesprünge zu verzeichnen?

Kartenmaterial:
Topographische Karte TK 25, Blätter 5043 Mittweida und 5044 Frankenberg
Geologische Karte GK 25, Blätter 5043 Mittweida und 5044 Frankenberg Hainichen

Routenvorschläge

Zunächst ist eine Anreise zu den Aufschlüssen 5A und 5B mit dem Auto zu empfehlen. Am Aufschluss 5B kann der Parkplatz des Freibades an der alten Fischerschänke genutzt werden. Von da an verläuft die Exkursion parallel zum Fluss Zschopau auf einer nicht öffentlich befahrbaren Straße. Das bedeutet, dass das Gros der Exkursion zu Fuß oder per Rad zu absolvieren ist und die Strecke prinzipiell doppelt gelaufen werden muss.

Eine zweite Möglichkeit bietet sich, indem man die Exkursion entlang des Bruhmweges über 5F hinaus Richtung Mittweida fortsetzt. Von Mittweida oder zuvor müsste dann der Rücktransport organisiert werden. Unterwegs besteht die Möglichkeit in Schönborn-Dreiwerden das Besucherbergwerk „Alte Hoffnung Erbstolln" zu befahren. Ähnliche Vererzungen wie im Freiberger Revier, nur etwas kleiner, führten in diesem Raum zu einem Bergbau seit dem 16. Jahrhundert. Die Spuren der alten Silbergruben sind auch auf der Exkursion entlang des Bruhmweges (Zschopautalweg), zu finden.

Die Kombination der Exkursion 5 mit den Einzelaufschlüssen 7K, 7S und 7U durch Autotransport wird empfohlen.

Aufschlüsse

5A Ehemaliger Steinbruch südlich Sachsenburg

Koordinaten: ^{45}7285 rechts, ^{56}4435 hoch

Wir beginnen die Exkursion mit einem Gneis, wie uns Foliation und 20% Feldspat verraten. Damit haben wir den Anschluss zum Zwischengebirgsgneis im Striegistal geschaffen. Im Gegensatz zur Exkursion 4 ist das Gestein Gneis hier besser erkennbar.

Die Schieferung liegt mehr oder minder horizontal, das Gestein wird von einigen flachen und steilen Störungsflächen durchzogen.

Störungen unterscheiden sich von **Kluftflächen** durch ihre deutlichen Anzeichen von Relativbewegung der gegenüberliegenden Seiten zueinander (s. Abb. 62). Klüfte repräsentieren lediglich Risse ohne einen Versatz.

Nach Art des Versatzes unterscheidet man bei Störungen Abschiebungen, Aufschiebungen und Blattverschiebungen.

Steile, also vertikal ausgerichtete, Störungen besitzen im Aufschluss häufig eine Striemung. Anhand von solchen Störungs-

Abb. 62: Prinzip von Kluft (A) und Störung (B)

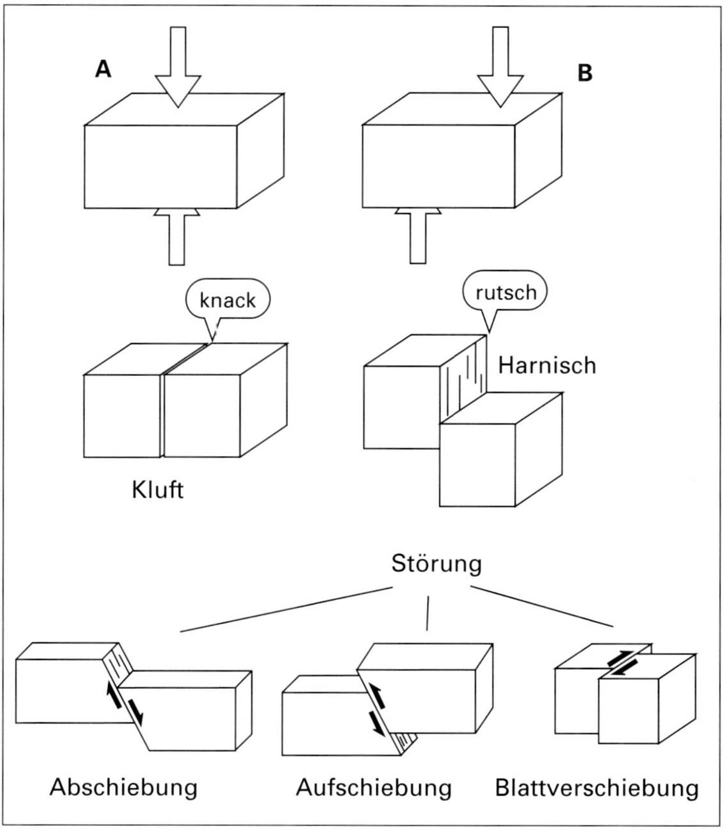

flächen mit Striemung, auch **Harnische** genannt, kann man die Raumlage der tektonischen Kräfte von damals rekonstruieren. Leider ist viel schwieriger herauszubekommen, was „damals" bedeutet. Solche Harnische entstehen unter kalten Bedingungen und kalt ist das Gestein schon seit 360 Millionen Jahren.

Flache, d.h. horizontal orientierte, Störungen verlaufen im Steinbruch nahezu parallel zur Foliation. Sie besitzen keine ausgeprägte Striemung, dafür aber bis mehrere Zentimeter mächtige Gesteinszerreibsel, die wiederum den Transport auf diesen Flächen belegen. Man nennt das Material **Störungsbrekzie**, **Letten** oder **Gouge**.

5B Straßenanschnitt in Kurve unterhalb der Sachsenburg

Koordinaten: ^{45}7240 rechts, ^{56}4460 hoch

Das Gestein ist gut geschiefert, da die Foliation aber offensichtlich durch Tonminerale gebildet wird, jedoch bei weitem nicht so metamorph wie in Aufschluss 5A.

Eine grünliche Farbe des Materials bringt uns auf den Gedanken, dass hier basisches Magma im Spiel ist. Tatsächlich nimmt dort, wo das Grün zunimmt, die Schieferung ab. Wie in Aufschluss 1E steht ein marines Sediment an, das aus unterschiedlichen Anteilen von Diabastuff und Tonschiefer zusammengesetzt ist. Das hier zumeist vorhandene Mischgestein heißt auch Tuffit.

Bemerkenswert ist neben dem Metamorphosesprung zu 5A auch der Wechsel in der Ausrichtung der Foliation. Sie ist nicht mehr horizontal ausgebildet, sondern um etwa 45° geneigt – und zwar nach SO. Mit unserem weiteren Weg entlang der Zschopau bewegen wir uns in nordwestliche Richtung und nunmehr wieder in das Liegende.

5C Zschopautalweg (Bruhmweg), Klippen am Ufer der Zschopau nördlich Schwimmbad

Koordinaten: ^{45}7195 rechts, ^{56}4490 hoch

Unmittelbar am Ufer steht ein dunkles Gestein an, das auf den ersten Blick recht eintönig erscheint, aber bald in ein eher schiefriges und ein eher kompaktes Material aufzulösen ist.

Zum Kompakten: Vorsicht beim Anschlagen dieses Gesteins! Es ist ausgesprochen dicht und splittert, was auf einen sehr hohen Quarzgehalt schließen lässt.

Was im Gelände nicht zu sehen ist: das Gestein besteht nur aus kieseligem Material, von etwas Kohlenstoff schwarz gefärbt.

Der Kohlenstoff rührt von abgestorbener organischer Substanz her - das Gestein muss sedimentärer Herkunft sein. Auch wenn von Schiefrigkeit keine Rede sein kann, liegt hier ein typischer **Kieselschiefer** vor. Der Begriff Schiefer entstammt meist nur seiner Vergesellschaftung mit Tonschiefern und Phylliten.

Solche Kieselsedimente wurden ursprünglich aus Mikroorganismen aufgebaut, die ein SiO_2-Skelett besitzen (Kieselalgen, Radiolarien). Oft wird das Gestein mit Tiefsee assoziiert, was stimmen mag, da auch manche der heutigen Tiefseeschlämme von den Gerüsten der Kieselalgen „gespeist" werden.

Unter Umständen ist diese Schlussfolgerung jedoch trügerisch. SiO_2-Quellen, zum Beispiel durch untermeerischen Vulkanismus, lassen solche Sedimente auch in flacheren Meeresregionen entstehen.

Abb. 63: Die Kieselschieferklippen am Ufer der Zschopau

Zum Schiefrigen:
Dieses Gestein ist mit Fug und Recht als Tonschiefer zu beschreiben, nur dass dieser ausgesprochen dunkel ist, ja sogar schwarz abfärbt. Im Gegensatz zum Kieselschiefer wird der organische Kohlenstoff hier nicht durch SiO_2 umhüllt und kann die Hand beim Darüberstreichen schwärzen. Schwärzschiefer wäre also eine ganz gute Bezeichnung für das Gestein. Kieselschiefer und **Schwärzschiefer** (oder Alaunschiefer) sind typisch für das sächsisch-thüringische **Silur** (s. Abb. 48).

5D Zschopautalweg, 150 m nördlich Treppenhauerstolln

Koordinaten: $^{45}7155$ rechts, $^{56}4530$ hoch

Kurz nach Passieren des Treppenhauerstollns, der hier lediglich durch eine Lehrpfadtafel erkennbar ist, trifft man gegenüber einer weiten Aue auf einen kleinen Felsanschnitt.

Bei der Ansprache kann es zu Verwirrungen kommen, da recht unterschiedliche Erscheinungsbilder des Gesteins zutage treten. Nach Ordnung aller Befunde ergibt sich Folgendes:

Hauptgestein ist ein Tonschiefer mit wechselndem phyllitischen Charakter. Dieser kann durch unterschiedlichen Tongehalt im Ausgangsmaterial erklärt werden, was durch das Auftreten eingelagerter quarzitischer Schiefer gestützt wird.

Zudem kommt das lokale Auftreten von Feldspat, was nicht zur Bestimmung als Gneis führen darf. Der Feldspat tritt in Form von kleinen Gängen auf, die die Schieferung schneiden, also jünger sind. Mitunter bildet der Feldspat auch die Matrix einer verheilten Brekzie. Sicher stellen diese Erscheinungen eine Folge der Gangvererzungen im Treppenhauergebiet dar.

Die Schieferung oder Foliation ist im Aufschluss nicht ganz aushaltend aber völlig konform mit der Orientierung in Aufschluss 5B. Als bisher liegendes Glied einer Schieferabfolge (5B bis 5D) liegt ein klastisches Ausgangsmaterial vor. Mit viel Phantasie erkennen wir (wie in Exkursion 3) ein altpaläozoisches Profil vom Ordovizium mit monotonen klastischen Folgen (in Thüringen mehrere Kilometer mächtig) über das Silur (Kiesel- und Alaunschiefer) bis ins Devon mit Diabasen (vgl. Abb. 48).

Zschopautalweg, ehemaliger Steinbruch 250 m nordwestlich 5D

5E

Koordinaten: ^{45}7150 rechts, ^{56}4550 hoch

Vom Niveau des Wanderweges etwas herab, gelangt man an teilweise stark bemooste oder von Flechten überzogene Klippen.

Wir haben es hier mit einem kristallinen Schiefer zu tun, der bevorzugt aus Glimmer und Quarz besteht und die Bezeichnung **Glimmerschiefer** zulässt.

Obwohl damit ein Metamorphosesprung zu 5D vollzogen ist, bleibt die Orientierung der Foliation bei etwa 45° Einfallen nach Südost.

Bemerkenswert sind im Aufschluss teilweise kleine Fältelungen der Foliation im Zentimeterbereich und Einlagerungen von „Nicht-Glimmerschiefer-Material".

Zschopautalweg, Klippen nördlich Bachtälchen, 500 m nordwestlich 5E

5F

Koordinaten: ^{45}7120 rechts, ^{56}4605 hoch

Hat man die kleinen Klippen und Lesesteine zwischen 5E und dem Bachtälchen, das aus Richtung Nordosten der Zschopau zufließt, im Blick behalten, so wird der Unterschied zu dem nördlich des Tälchens anstehenden Gestein offenbar. Im Gegensatz zu den hohen Glimmergehalten und ausgeprägten Foliationen der Glimmerschiefer, wirkt das Material hier fast homogen.

Bei näherem Hinsehen findet sich ebenfalls eine Foliation, die jedoch beim besten Willen nicht als Schieferung zu bezeichnen ist. (Es bereitet auch etwas Mühe ein Handstück von dem schlecht spaltenden Material abzubekommen.)

Darüber hinaus folgt diese Foliation keiner straffen Orientierung wie bisher, sondern scheint intensiv verfaltet. Nach längerem Suchen finden sich enge Falten mit nahezu parallelen Faltenschenkeln. Solche Faltentypen belegen eine hochplastische Deformation wie sie in Mittel- und Unterkrustenbereichen vorkommt.

Aber endlich zur Ansprache: Wirklich identifizierbar sind lediglich Quarz und Feldspat in einer angedeuteten Foliation. Es handelt sich um **Granulit**. Dieses Gestein, das früher auch Weißstein genannt wurde, ist durch die Paragenese Quarz, Kalifeldspat und Sillimanit/Disthen definiert. Daneben kann aber auch Granat (hier manchmal als kleine Pünktchen) oder im Falle der Pyroxengranulite eben auch Pyroxen auftreten. Wichtigste Forderung für den Granulit ist jedoch seine Wasserfreiheit. Das heißt, Minerale in denen H_2O oder OH-Gruppen gebunden sind, wie zum Beispiel Glimmer oder Amphibole, haben im Granulit nichts zu suchen.

Solange man den Weißstein kennt, solange fragt man sich welches Ausgangsmaterial wohl diese Forderung erfüllen könnte. Bemüht wurden Arkosen und wasserarme saure Magmatite, wie Rhyolith. Wahrscheinlich ist aber auch ein „Abtrocknen" während der Metamorphose, zum Beispiel durch die chemische Umwandlung

Muskovit + Quarz –> Kalifeldspat + Sillimanit/Disthen + H_2O,

wobei das aus der Formel freigesetzte Wasser bei überkritischen Temperaturen nach oben entweicht.

Abb. 64: Handstückfoto eines Granulits

Der erforderliche Metamorphosegrad bekam von ESKOLA den Namen **Granulitfazies** (Fazies = Bildungsbedingungen).

Sollten wir beim Betrachten des Gesteins allerdings Biotit, also Glimmer und damit Wasser, finden, müssen wir in Betracht ziehen, dass dieser Aufschluss im unmittelbaren Kontakt zum Nebengestein steht. Beim Aufstieg aus der Tiefe war es dem Granulit somit möglich, H_2O aus dem glimmerreichen Nebengestein zu beziehen. Der Einbau des Wassers erfolgt dabei häufig so:

Granat + H_2O –> Biotit.

Die kleinen dunklen Pünktchen im Gestein können demnach sowohl Granat als auch Biotit (als Umwandlungsprodukt von Granat) sein.

Noch ein Wort zur Foliation. Eine wirkliche Schieferung im Sinne einer Ablösungsfläche ist, allein durch das Fehlen plättchenförmiger Minerale (alle diese beinhalten Wasser) im Granulit ausgeschlossen. Was dennoch diesen merkwürdigen Lagenbau hervorruft, ist eine Stoffsortierung unter den sehr hohen Metamorphosebedingungen (mind. 12 kbar = 35 km Tiefe und mind. 850° C). Die unterschiedlichen physikalischen Eigenschaften von Quarz und Feldspat führen zur Separierung in getrennte Quarz- bzw. Feldspatlagen. Sie liefern die einzige metamorphe Anisotropie des Gesteins.

Wie in der Zusammenfassung zur Exkursion 4 vorweg genommen, befinden wir uns nunmehr im Granulitgebirge, dessen Kern aus Granulit gebildet wird. Ihn umgibt der so genannte Schiefermantel (s. Abb. 65). Die Grenze zwischen beiden ist hier im Zschopautal morphologisch erkennbar. Dazu gehört das kleine Bachtälchen und in seiner Fortsetzung der Prallhang an der auffälligen Zschopau-Umbiegung.

Der äußere Schiefermantel leitet in andere regionale Schiefergebirgseinheiten über.

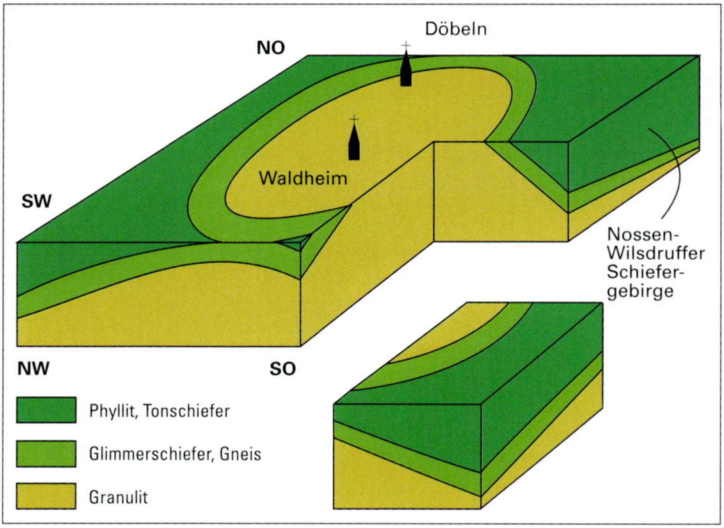

Abb. 65: Skizze zum Aufbau des Granulitgebirges als „beulige“ Aufragung mit innerem und äußerem Schiefermantel

Zusammenfassung

Exkursion 5 stellt die Fortsetzung zur Exkursion 4 dar, wobei prinzipiell ein spiegelbildlicher Aufbau zu verzeichnen ist. Das betrifft das Einfallen der Foliation - vom Erzgebirge Richtung Zwischengebirgsgneis nach NW, nördlich davon nach SO.

Die jeweils liegenden Anteile des Profils bilden hochmetamorphe Einheiten - das Erzgebirge im Süden und, hier in Exkursion 5, das Granulitgebirge im Norden (vgl. Abb. 59).

Spiegelbildlich sind auch die metamorphen Sprünge vom Liegenden zum Hangenden - zwischen kristallinen Gesteinen und Schiefern sowie zwischen Schiefern und Zwischengebirgsgneis in zentraler Position.

Das tektonisch Hangende bildet in Exkursion 5 der Zwischengebirgsgneis (5A). Er ist Kern des Frankenberger Zwischengebirges, das in seiner Position bis in die Münchberger Masse in Bayern verfolgt werden kann.

Darunter befindet sich ein paläozoisches Profil (5B - 5D), das rein lithostratigraphisch Ordovizium bis Devon umfassen könnte. Auf einen Metamorphosesprung folgen im Liegenden Glim-

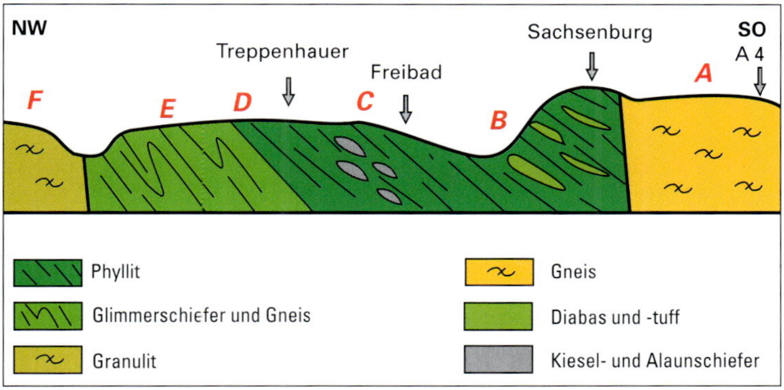

Abb. 66: Querprofil zur Exkursion 5

merschiefer (5E). Die Grenze zwischen den Tonschiefern und Phylliten einerseits und den Glimmerschiefern andererseits stellt die Grenze zwischen **äußerem** und **innerem Schiefermantel** des Granulitgebirges dar (s. Abb. 65).

Der Metamorphosesprung zwischen Glimmerschiefer und Granulit (5F) kann auch aus chemischen (Wasserüberschuss im Hangenden, Wasserfreiheit im Liegenden) Gründen kein ursprünglicher Kontakt sein.

Will man alle Gesteine einer einzigen Metamorphose zuordnen, dann hat man die Schwierigkeit, dass sehr tief gebildete metamorphe Gesteine neben flachkrustalen, fast unmetamorphen Gesteinen anzutreffen sind. Wie ist so etwas erklärbar? **?**
Exkursion 5 war relativ faul, etwa 2 Kilometer wurden lediglich zurückgelegt. Wo ist die, von Petrologen geforderte, 35 Kilometer mächtige Bedeckung des Granulites?

Bis Anfang der 1990er Jahre fand man die Antwort simpel, wie folgt: Das Material ist abgetragen. Wie tief der Granulit auch war, er wurde von seiner Bedeckung durch Erosion des überlagernden Gebirges befreit.

Danach sedimentierten auf seinem Rücken neue Ablagerungen, die bei nächster Gelegenheit (Gebirgsbildung und Metamorphose) eine geringere Metamorphose als Granulitfazies erlebten. Diese Metamorphite werden wieder abgetragen und so weiter. Das Szenarium musste man so lange wiederholen lassen, wie Metamorphosesprünge auftraten. Unter paläozoischen Schiefern (siehe thüringisches Profil der Aufschlüsse 5B bis 5D) mussten demnach Gesteine lagern, die zeitlich weit in das Präkambrium hereinragten.

Zu dumm, dass alle modernen Datierungen eine einheitliche variszische Metamorphose vor etwa 350 Millionen Jahren erzwingen – und zwar für Granulit, inneren und äußeren Schiefermantel.

Aber auch heute ist die Antwort simpel: Das Material wurde nicht erodiert sondern „tektonisch" abgetragen. Das heißt, dass die überlagernden 35 Kilometer nicht wirklich fort sind. Sie liegen einfach woanders. Man vergleicht diesen Vorgang manchmal lax mit dem Wegziehen einer Bettdecke. Tatsächlich können Petrologen eine ausgesprochen schnelle Abkühlung für den Granulitkern bescheinigen.

Der Grund warum die Decken im Hangenden seitlich ausweichen, liegt in der Natur von Gebirgen selbst. Bei der Kollision von Kontinenten wird die Kruste verdickt, was aber keinen Gleichgewichtszustand darstellt. Lassen die Einengungskräfte nach, ist die kontinentale Kruste bestrebt ihre ursprüngliche Mächtigkeit (etwa 25 bis 30 km und nicht mehr über 70 km) wiederzuerlangen. Bildlich gesprochen fließt das Gebirge auseinander. Bevorzugte „Fließbahnen" stecken in unseren Metamorphosesprüngen. An ihnen werden die „Bettdecken" seitlich bewegt.

Eine erhebliche Mächtigkeit bringt zum Beispiel das Erzgebirge mit sich. Es ist auch nicht erodiert, war aber Teil der Bedeckung des Granulitkerns. Derselbe Prozess kann und muss also auch für die benachbarten regionalen Einheiten wie das Erzgebirge gelten.

Die Abbildung 67 zeigt die drei Stadien einer Gebirgsbildung. Erstens werden während der **Subduktion** durch Verschluckung die ersten Metamorphite gebildet. Bei der folgenden **Kollision** der Kontinente als zweites Stadium entsteht ein Erdkrustenstapel (farbige Abfolge). In einem dritten Stadium – der **Extension** (Krustendehnung) – dehnt sich dieses Gebirge (Orogen) und der Stapel wird seitlich „verteilt". Dieser Prozess ist hier in drei Teilstadien, bis hin zur heutigen Situation (unten) dargestellt.

So einfach die Darstellung in Abbildung 67 ist, so einfach ist freilich nicht der Erkenntnisweg, der zu einem solchen Modell führt. Alle Belege, Indizien und Beweise können an dieser Stelle nicht aufgeführt werden.

Und das letzte Wort in der sächsischen Grundgebirgsgeologie ist ehedem längst nicht gesprochen. Somit sind diese letzten Ausführungen dem einen oder anderen ein Neugierigmacher und Ausblick auf neue detailliertere Exkursionen.

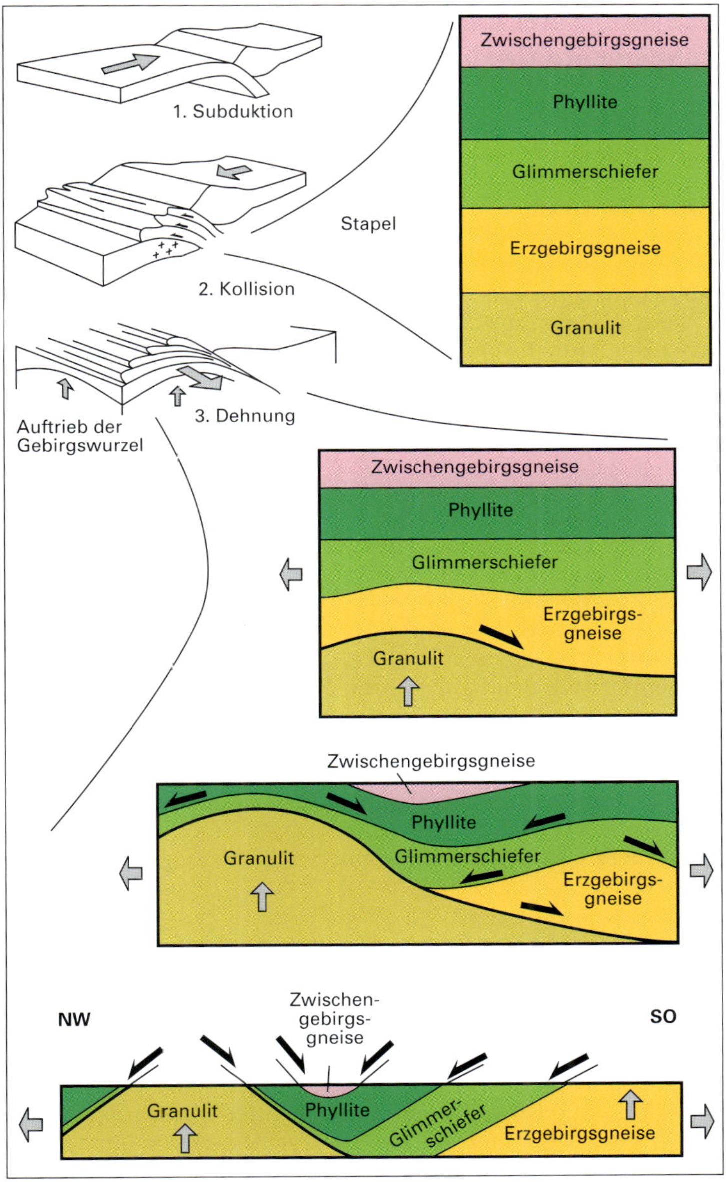

Abb. 67: Die tektonische Geschichte des Exkursionsgebietes noch einmal zusammengefasst skizziert

6 Das Muldental und die Peripherie Freibergs – Angewandte Geologie in Bergbau und Umwelt

Einführung

Nach einer Geländeeinführung in die Geologie im Allgemeinen und der regionalen Geologie Zentralsachsens im Speziellen, soll in dieser letzten Exkursion der Schwerpunkt auf der Anwendung geologischen Wissens für Wirtschaft und Gesellschaft liegen.

Welche Region des Exkursionsgebietes bietet sich dabei mehr an als der Raum Freiberg? Hier, wo man vor achthundert Jahren erstmals Silber fand und wo durch den auflebenden Bergbau die Geologie als Wissenschaft „erfunden“ wurde. Zunächst als Hilfsmittel für den Erzbergbau eingerichtet, konnte sich die Lehre von der festen Erde später eigenständig entwickeln und übt heute auf nahezu alle Bereiche des Lebens ihren Einfluss aus. Ob im Bauwesen oder bei der Bewältigung von Umweltproblemen, ohne Stellungnahmen der Geologen zum Untergrund geht es nicht. Und auch der Bergbau ist nicht tot.

Der Zusammenhang zwischen Bergbau und Umwelt tritt in solchen jahrhundertewährenden Bergbauregionen wie dem Erzgebirge besonders krass in Erscheinung. Was einst den sächsischen Fürsten den Reichtum brachte und den Glanz der sächsischen Metropole Dresden erst ermöglichte (Dresden ist jünger als Freiberg und unmittelbar an den Silberreichtum des Erzgebirges geknüpft), verkehrte sich nach Beendigung des Erzbergbaus 1969 im Zusammenhang mit einem neuen Umweltbewusstsein ins Gegenteil. Schwermetallbelastung ist das Schlüsselwort in Freiberg - radioaktive Halden oder Waldsterben sind es anderswo.

Zur geplanten Exkursion um Freiberg muss eines klar gestellt werden: Sie soll keine Konkurrenz zu den überdies zahlreichen Wanderführern zur Bergbaugeschichte darstellen und kann vom Umfang lediglich an der Oberfläche bergbaulichen Wissens kratzen und bestenfalls Nadelstiche in die Tiefe bergmännischer Nomenklatur vornehmen. Auch können keine Umweltskandale aufgedeckt und Giftmülldeponien besichtigt werden. Bei allem - ob Bergbau, Hüttenwesen, Ingenieurgeologie oder Umweltgeologie - soll der geologische Bezug im Mittelpunkt stehen, um im Rahmen des vorliegenden Führers zu bleiben. Dieser Spagat zwischen Theorie und Praxis versucht dem geologisch Interessierten kurzzeitig den Deckel vom Topf der vielfältigen Anwendungen der Geologie zu lüften und dabei interdisziplinäre Zusammenhänge klar zumachen.

Kartenmaterial:
Topographische Karte TK 25, Blätter 5045 Freiberg West, 5046 Freiberg
Geologische Karte GK 25, Blätter 5045 Freiberg-Langhen., 5046 Freiberg

Abb. 68: Karte der Aufschlusspunkte von Exkursion 6

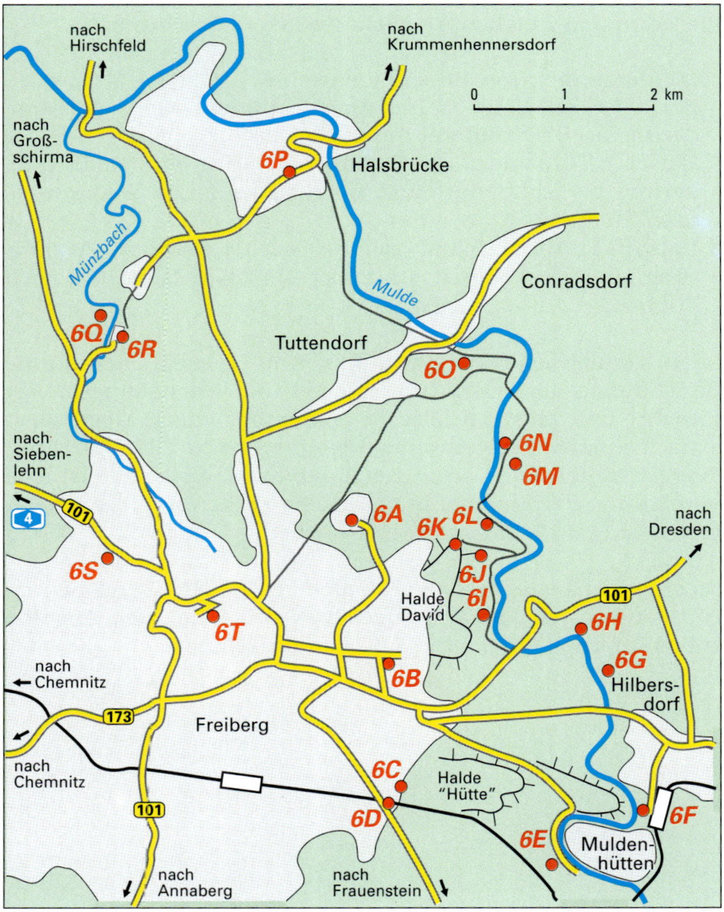

➔ Routenvorschläge

Diese Exkursion ist eine reine Wanderung zu Fuß und auch mit Rad nur bedingt zu empfehlen. Einzeln sind die meisten Aufschlüsse auch mit Auto zu erreichen, jedoch besteht im Muldental auf weiten Teilen Fahrverbot.

Das Gesamtprogramm ist als Rundweg angelegt, mit Ausgangs- und Endpunkt in Freiberg. Dazu muss gesagt werden, dass das volle Programm einen ganzen Tag in Anspruch nimmt und physisch nicht von Pappe ist. Es ist also durchaus empfehlenswert die Exkursion zu teilen. Möglich wären drei Schlingen:

1. Muldenhütten: Weg über Frauensteiner Straße ins Muldental, Rückfahrt mit Bahn ab Haltepunkt Muldenhütten oder Wanderung bis B173 und mit Bus zurück nach Freiberg
2. Halsbach-Tuttendorf: mit Bus über B173 ins Muldental, Wanderung bis Tuttendorf und über Tuttendorfer Weg zurück nach Freiberg
3. Halsbrücke-Münzbachtal: mit Bus nach Halsbrücke, Wanderung Muldental abwärts und über Münzbachtal zurück nach Freiberg.

Mitaufgeführt als Exkursionspunkte sind Gelegenheiten für die Besichtigung alter Bergwerksanlagen und Ausstellungen. Für Einfahrt und Museumsbesuche sollten aber nach Möglichkeit extra Exkursionstage eingeplant werden bzw. sollten diese mit den genannten Einzelschlingen kombiniert werden. So ist eine Verbindung der Einfahrt in die Reiche Zeche mit einer kurzen Wanderung ins Muldental (Schlinge 2 oder 3) sinnvoll.

Zu guter Letzt empfiehlt es sich, einen geeigneten Bergbau- und Hüttenführer (s. Literaturverzeichnis) mitzunehmen um den vollen Informationsgewinn auf Tour abzusahnen.

Aufschlüsse

Lehrgrube Reiche Zeche, Freiberg

6A

Koordinaten: Fuchsmühlenweg 9

Von der Schachtanlage Reiche Zeche hat man einen exzellenten Blick über Freiberg, der sich als Ausgangspunkt für die Exkursion bestens lohnt, egal ob man motorisiert hierher gefunden hat und erst später die Wanderung beginnt, vielleicht eine Einfahrt beabsichtigt oder die volle Mammutexkursion hier beginnt.

Als letzter Schacht mit Fördergerüst im Freiberger Revier ist die Schachtanlage Reiche Zeche mittlerweile zu einem Wahrzeichen Freibergs geworden. Dass dieser Förderturm übrig blieb, ist allein dem Umstand geschuldet, dass die Grube als Lehr- und Besucherbergwerk der TU Bergakademie Freiberg dient.

Eigentlich ist der Schacht Reiche Zeche ja nur ein Teil einer Grubenanlage, die sich „Himmelfahrt-Fundgrube" nennt und

Abb. 69: Wahrzeichen des Freiberger Bergbaus: das Fördergerüst des Schachtes Reiche Zeche

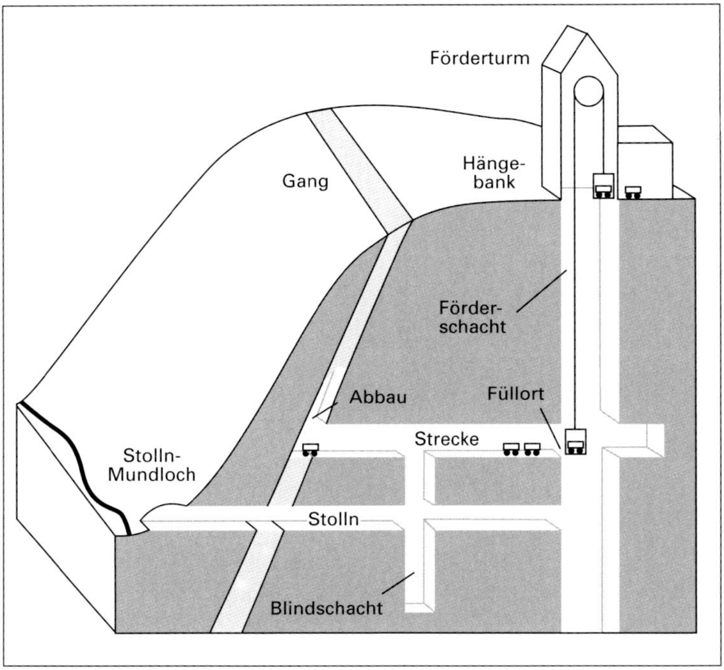

Abb. 70: Grundbegriffe des Untertage-Bergmanns

aus über 25 einzelnen Gruben entstanden ist, zu der auch der Schacht Alte Elisabeth gehört.

Wer mehr „vor Ort“ erfahren möchte, sollte eine Einfahrt nicht verpassen. Per Seilfahrt gelangt man in über 100 m Tiefe, von wo aus kleine (etwa 2h) und große (etwa 5h) Exkursionen angeboten werden. Vom geologischen Standpunkt her muss erwähnt werden, dass Erzgänge in ihrer originalen Lagerung nur Untertage zu beobachten sind.

Um dem Untertage führenden Bergmann ein paar grundlegende Begriffe vorwegzunehmen bzw. die Verständlichkeit seiner Ausführungen zu erhöhen, ist in Abbildung 70 ein kleines Sammelsurium bergmännischer „Basics“ skizziert.

Drusenkabinett Abraham Schacht

6B

Koordinaten: Himmelfahrtsgasse 10

Zur Himmelfahrt-Fundgrube gehört der Abraham Schacht, der im Laufe seiner Fördergeschichte etwa eine Tonne Silber lieferte. Die gut erhaltenen Übertageanlagen spiegeln das Antlitz eines typischen Bergwerks des 19. Jahrhunderts wieder und beherbergen eine Sammlung besonders ansehenswerter Mineralstufen (als Stufen bezeichnet man meist Mineralschaustücke mit großen Kristallen). Dieses Drusenkabinett ist öffentlich zugänglich und kann als kleine(!) Alternative zur Mineralogischen Sammlung der Bergakademie (6T) aufgefasst werden.

Machen wir uns an dieser Stelle mit dem mineralogischen Inhalt der Freiberger Erzgänge bekannt.
Prinzipiell unterscheidet man zwischen:

a) **Erz**: Minerale, die den Rohstoff für ein Metall liefern
und
b) **Gangart**: Minerale, die kein erstrebenswertes Element beinhalten. Ein Gang, der nur mit Gangarten gefüllt ist, kann man als taub bezeichnen.

Erze können als reine Elemente (z. B. Silber Ag), als **Sulfide** (z. B. Pyrargyrit Ag_3SbS_3) oder **Oxide** (z. B. Zinnstein SnO_2, nicht in Freiberg) auftreten. Gangarten sind Quarz (SiO_2), **Karbonate** (z. B. Calzit $CaCO_3$), **Sulfate** (z. B. Schwerspat $BaSO_4$) und **Halogenide** (z. B. Fluorit CaF_2).

Damit sich ein **Gang** bilden kann, müssen zunächst Klüfte aufreißen, in die mineralisierte Wässer und Dämpfe eindringen können. In solchen „Spalten" können die Minerale beginnend von den Kluftwänden zur Mitte hin auskristallisieren. Meist geschieht das vollständig und man erhält „derbe" Mineralaggregate. Erlischt die Materialzufuhr vor der Schließung des Hohlraumes, entsteht eine Druse, in der die letztgebildeten Kristalle wie Igelstacheln ins Zentrum spießen. Dabei können auch Gangarten ausgesprochen lohnenswerte Objekte darstellen, wie man sich im Drusenkabinett vergewissern kann.

6C Hütte Freiberg „Feinzink“

Koordinaten: Frauensteiner Straße 81

Spricht man von Freiberg, dann wird zuerst der Erzbergbau erwähnt. Dass Freiberg ein ebenso wichtiger Hüttenstandort ist, scheint den meisten weniger bewusst. Dabei ist es das Hüttenwesen das, im Gegensatz zum Erzbergbau, in Freiberg überlebt hat.

Natürlich ist die Entwicklung der Hütten unmittelbar an den Erzbergbau geknüpft und man hat selbstverständlich das geschmolzen, was man unmittelbar in der Nähe aus der Erde geholt hat. Das war zunächst das Silber, später jedoch gewannen Blei und Zink die Vormacht. Die vielen kleinen Hütten im Muldental wurden konzentriert und später zum Teil aus dem engen Tal herausgeholt.

Welches Ausmaß und welche Bedeutung damit die Hüttenindustrie in Freiberg hatte, zeigt der 1951 gebaute und 1991 stillgelegte Anlagenkomplex der Hütte Freiberg im Gebiet links der Straße nach Frauenstein, vor der Bahnstrecke Dresden-Chemnitz. Bis 1969 wurde das Zinkerz des Freiberger Bergbaus, die

Zinkblende (oder Sphalerit) ZnS

hier verhüttet. In diesem Mineral entdeckte CLEMENS WINKLER das Element Germanium.

Bis zur Stilllegung wurde später erzgebirgisches Zinn verhüttet. Nebenher fiel das in den Sulfiderzen verbreitete Cadmium an und aus dem Rösten von dem im Hüttenprozess unbeliebten

Pyrit (oder Schwefelkies) FeS_2

stellte man Schwefelsäure her. Eine Eisengewinnung aus Schwefelverbindungen ist nämlich nicht möglich.

Die gigantischen Emissionen dieser, jahrzehntewährenden Produktion haben den Untergrund der Umgebung nachhaltig mit den Schwermetallen Zink, Cadmium und Zinn belastet. Solche zurückliegenden Umweltverschmutzungen nennt man Altlasten, mit deren Behebung sich Umweltfirmen beschäftigen, die z.T. auf dem Gelände der Hütte Freiberg angesiedelt sind – Standorte im Wandel der Geschichte!

Bahneinschnitt Frauensteiner Straße

6D

Koordinaten: $^{45}9580$ rechts, $^{56}4215$ hoch

Dort wo die Frauensteiner Straße den Bahneinschnitt der Strecke nach Dresden überquert, wechseln wir kurz das Thema und widmen uns geotechnischen Fragen des Freiberger Untergrundes.

Wo man den Untergrund anschneiden oder gar durchörtern muss, stellt sich immer die Frage ob das Gestein aus eigener Kraft steht oder durch eine Form des Ausbaus gestützt werden muss. Diese Frage stellt sich im Bergbau wie im Tunnelbau genauso wie beim Bau von Straßen, Brücken oder eben Bahntrassen.

Bei der Beantwortung muss zunächst geklärt werden, ob es sich um ein Lockergestein wie Sand, Ton oder Lehm handelt oder ob das Gestein fest ist. Wie hier im Freiberger Gneis, spielt im Falle des Festgesteins die Art, also die petrographische Ansprache des Gesteins, eine untergeordnete Rolle. Wichtiger ist das sogenannte **Trennflächengefüge**, das sich aus der Gesamtheit aller Flächen zusammensetzt, an denen ein Gestein auseinander fällt oder fallen könnte.

Wir kennen bereits Klüfte und Störungen, die als Produkt einer spröden Beanspruchung das Gestein zerbrochen haben. Die Anordnung dieser Trennflächen zueinander ist regelmäßig und statistisch erfassbar. Aus mehreren (meist drei) Flächenscharen ergibt sich ein so genannter **Kluftkörper**, der auch hier im Bahneinschnitt erkennbar ist.

Die Lage eines Kluftkörpers zur Böschung bestimmt ihre Standsicherheit (s. Abb. 71A). Im Bild 71B besteht die Gefahr eines Felssturzes. Die Möglichkeiten der Sicherung einer solchen Felswand sind unten (71C bis E) dargestellt. Je nachdem wie stark die potentielle Gefährdung ist und welche Größe der Kluftkörper besitzt, muss sich der Ingenieurgeologe für Sicherungsmaßnahmen entscheiden. Große Gesteinskörper werden einfach an die Wand „genagelt". Das geschieht mit **Ankern**, die wie große Dübel funktionieren. Besteht die Gefahr, dass kleinere Kluftkörper dazwischen herausfallen können, bedient man sich der Bewehrung mit Maschendraht. Bei stark verwittertem Material, Störungsbrekzien oder äußerst kleinen Kluftkörpern kann eine Verbesserung der Standsicherheit mit Spritzbeton erreicht werden. Alle drei Formen sind in Kombination hier sehr gut zu beobachten – aber bitte nur von der Brücke aus!

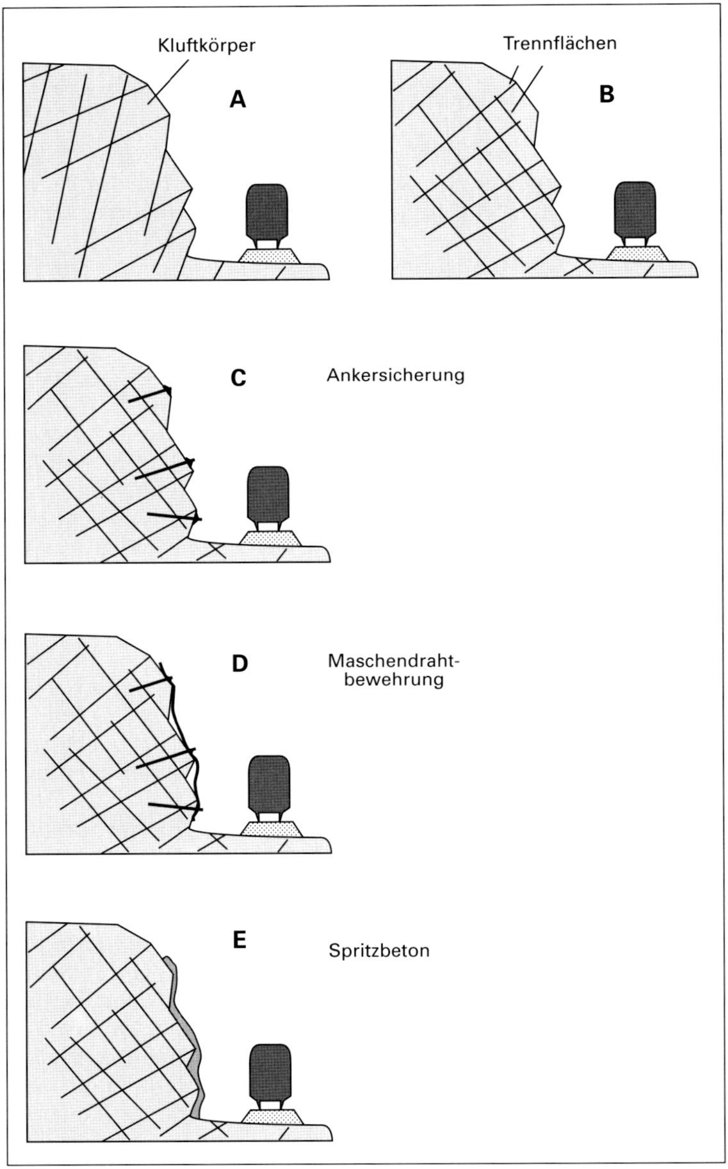

Abb. 71: Bild A zeigt einen Kluftkörper, der eine stabile Felsböschung erzeugt.

Muldenhütten

6E

Koordinaten: ^{45}9720 rechts, ^{56}4180 hoch

Wir folgen dem Wanderweg, zunächst entlang der Bahngleise, ins Muldental. Auf diesem Weg gelangten früher die Hüttenwerker von Freiberg zu den Muldenhütten.

Kurz vor dem Erreichen der Hüttenstraße liegt das gesamte Hüttengelände, von einer Muldenschlinge eingefasst, vor uns. Seit 1825 wurde hier voraufbereitetes Erz verhüttet. Bis heute ist Muldenhütten für seine Bleiproduktion bekannt.

Blei tritt geochemisch zusammen mit dem Zink auf. Daher ist

Bleiglanz (oder Galenit) PbS

neben der Zinkblende eines der häufigsten Erzminerale in den Freiberger Gängen. Allerdings ist Bleiglanz nicht nur wegen des Bleis interessant. Viele Minerale sind in der Lage, in ihrem Kristallgitter „fremde" Elemente regelrecht „einzufangen". So wie die Zinkblende das Germanium beherbergt, tritt im Bleiglanz an die Stelle des Bleis häufig ein Silberion. Diesen Austausch von Ionen nennt der Mineraloge Diadochie.

Der Verhüttungsprozess war im Laufe der Geschichte recht unterschiedlich und abhängig vom Stand der Technik. Prinzipiell lässt sich der Hüttenvorgang so beschreiben:

Das vom tauben Gestein getrennte Erz wurde zunächst geröstet um Schwefel und Arsen zu lösen. Bis zu dem Zeitpunkt als man diese beiden Elemente zu Schwefelsäure und Arsenverbindungen für die chemische Industrie weiterverarbeitete, gelangten die Röstprodukte einfach in die Luft - eine Quelle für sauren Regen damals und eine Arsenaltlast für heute.

In den anschließenden Ofenprozessen wurde das Blei von Zinn, Zink, Antimon, Kupfer und restlichem Arsen befreit. Je nach Technik und Erfordernis konnten solche Metalle nebenher gewonnen werden.

In einem letzten Verfahren, dem Treiben, wird Silber und Blei getrennt.

Ende der 70er Jahre des 20. Jh. wurde eine neue Bleihütte errichtet, die längst nicht mehr einheimisches Bleierz verarbeitete.

Die beiden 200 m hohen Schornsteine spiegeln das gewachsene Umweltbewusstsein dieser Zeit wieder. Mit ihnen bezweckt man eine Verdünnung der, auch bei modernen Verfahren anfallenden, Emissionen in höheren Luftschichten. Die Summe der Umweltbelastungen bleibt dabei sicher gleich, jedoch wird eine akute Gefährdung durch hohe Schwermetallkonzentration für Bevölkerung und Natur in der unmittelbaren Umgebung vermieden.

Nach eigenen Angaben des damaligen Berg- und Hüttenkombinates wurden Mitte der siebziger Jahre in Freiberg etwa 50 000 t Blei im Jahr produziert. Dem steht eine jährliche Emission von über 100 t Blei gegenüber. Nach jüngeren Extrapolationen Freiberger Wissenschaftler gingen während der 1980er Jahre jährlich 50 - 70 t Blei als Staub über dem Kreis Freiberg (Untersuchungsgebiet 378 km^2) nieder.

Auch nach 1989 wird hier bis heute Blei aus Schrott, zum Beispiel von Batterien, aufbereitet - auf höchstem technischen Stand unter strenger gesetzlicher Obhut. Damit ist die Recycling und Umwelttechnik GmbH die letzte Firma in der 800 Jahre währenden Freiberger Berg- und Hüttentradition.

Aussichtspunkt unterhalb Haltepunkt Muldenhütten

6F

Koordinaten: ^{45}9775 rechts, ^{56}4195 hoch

Bevor man sich nun in den Zug zurück nach Freiberg setzt oder die Wanderung muldeabwärts fortsetzt, kann man unterhalb der Bahnstation noch einen Blick ins Muldental nehmen. Dieser scheint manchem sicher verheerend, denn vom Muldental ist nicht viel übrig geblieben. Der Fluss schlängelt sich hier vorbei an den Flanken riesiger Halden.

Während von den alten Hüttenanlagen im Muldental nur wenig die Zeit überdauert hat, spiegeln die Halden das jahrhundertelange Berg- und Hüttengeschehen wider. Hier finden sich neben Hüttenschlacken auch taubes Gestein (Gneis) aus den Freiberger Gruben und Bauschutt. Die große Halde gegenüber wurde von der Freiberger Hütte genutzt, war aber zeitweise auch Hausmülldeponie.

Viele sehen in den Halden eine Zeitbombe für die Umwelt. Denn während die Emissionen der Hütten nahezu verschwun-

Abb. 72: Wie eine Mondlandschaft (oder Braunkohlengegend) wirken die Bergbau- und Hüttenhalden im Muldental westlich Hilbersdorf

den sind, wird weiterhin aus restmetallhaltigen Schlacken Schwermetall durch Regenwasser ausgewaschen. Eine echte Altlast, obwohl andere das Problem weniger bedrückt, da die gelösten Stoffe „lediglich“ in die Mulde geraten. Und die ist ehedem aus anderen Quellen schwer belastet, wie sich noch zeigen wird.

6G Klippen im Muldental nordwestlich Hilbersdorf

Koordinaten: ^{45}9750 rechts, ^{56}4280 hoch

Nachdem die Halden östlich Hilbersdorf durch den Ort umgangen sind, kann man etwa auf der Straße Freiberg-Hilbersdorf ins Muldental gelangen und nun einen Blick auf das Gestein nehmen, das in vielen Klippen ansteht.

Die Ansprache bestätigt die Vermutung Gneis. Es handelt sich um den so genannten Freiberger Gneis (gnf auf alten Karten), der voll ausgesprochen als Zweifeldspat-Biotit-Gneis bezeichnet wird. Das heißt er beinhaltet sowohl Orthoklas (K-Feldspat) als auch Plagioklas (Na,Ca-Feldspat). Muskovit (Hellglimmer) ist zwar im Gestein vorhanden, tritt aber deutlich hinter den Portionen von Biotit (Dunkelglimmer) zurück.

Dieser Gneis ist Bestandteil einer großen kuppelförmigen Struktur, die das gesamte nördliche Osterzgebirge umfasst – dem Freiberger Gneisdom. Freiberg bildet tatsächlich in etwa das Zentrum dieser Kuppel. Damit ist die Foliation, wie im Dachbereich einer Kirchenkuppel (oder unserer früher zitierten Zwiebel) hier nahezu horizontal.

Neben den Hauptgemengteilen des Gneises, Feldspat, Quarz und Glimmer treten Nebengemengteile und solche Minerale auf, die nur feinverteilt und selten vorkommen – die Akzessorien. Hier findet man nach chemischer Analyse ebenfalls Schwermetalle, fern jeder Gangmineralisation. Somit bildet der Gneis einen so genannten lithogenen Hintergrund für die durch Erzgänge entstandenen und künstlich erzeugten (anthropogenen) Belastungen.

Zum Vergleich: Größenordnungsmäßig führt der Freiberger Gneis an sich maximal 0,01 Gew.-% Pb. Dort wo Gangmineralisationen bestehen, ist die Gesamtbelastung im Boden doppelt bis maximal fünfmal so hoch. Die anthropogene Belastung führt manchmal jedoch zu Werten von über 0,3 Gew.-% Blei im Oberboden.

Mulde östlich Freiberg

6H

Koordinaten: ^{45}9730 rechts, ^{56}4350 hoch

Im Flussbett der Freiberger Mulde können wir noch einmal die Wirkung des fließenden Wassers als geologischen Faktor beobachten. Neben der erosiven Tätigkeit in Form von Talbildung und der Sedimentation z.B. durch Gleithänge (s. 3A), erfüllt das Wasser die Funktion des Transportes. Man unterscheidet dabei drei Formen:

Geröllfracht - größere Partikel werden am Boden des Gewässers rollend und springend transportiert. Die entstehenden Gerölle werden dabei gerundet, was hier im Flussbett zu beobachten ist.

Schwebfracht - feine Partikel werden als Trübe schwebend ohne Grundberührung transportiert. Meist ist die Trübe erst nach Verlassen der Mittelgebirge in den dann langsamer fließenden Gewässern mit wenig Gefälle zu sehen.

Lösungsfracht - Ionen werden in chemisch gelöster Form transportiert, sind also für das Auge unsichtbar.

Sowohl als Trübe als auch als gelöste Ionen verlassen die Schwermetalle das Freiberger Berg- und Hüttengebiet. Untersuchungen von 1993 zeigten, dass die Mulde als wichtigster Entwässerer beim Passieren des Freiberger Raums eine Verdopplung des Arsen-, eine Verzehnfachung des Blei-, eine Verzwanzigfachung des Zink- und eine Verdreißigfachung des Cadmiumgehaltes zur Folge hatte.

Muldental bei Halsbach, Bodennutzung

6I

Koordinaten: ^{45}9680 rechts, ^{56}4375 hoch

Der Boden nimmt in unserem Leben eine zentrale Rolle ein. Als Verwitterungsresultat des anstehenden Gesteins (hier Gneis) ist er Grundlage für unsere Ernährung.

Allerdings ist er auch ausgesetztes Ziel anthropogener Emissionen, was ihm 1998 in Deutschland zumindest ein eigenes Schutzgesetz eingebracht hat. Zudem sind die Tonminerale, die sich gerade als Ergebnis der Verwitterung von Feldspat (und der ist im Gneis reichlich vorhanden) bilden, prädestiniert Schwerminerale zu binden.

Zum Begriff Boden siehe Aufschluss 7G. Hier auf der Sohle des Muldentales herrschen Böden vor, die sehr stark durch das Grundwasser des Flusses beeinflusst werden und daher in tieferen Horizonten ständig feucht sind. Die Hanglagen bedeckt lehmiger Verwitterungsschutt des Gneises, der steinig und schwer bearbeitbar ist. Häufig jedoch sind solche natürlichen Böden bedeckt durch das Haldenmaterial der Bergwerke und Hütten.

An dieser Stelle sei erwähnt, dass in diesem Gebiet, östlich von Freiberg die Maximalkontamination an Schwermetallen zu verzeichnen ist. Die Analyse der Bodenproben ergibt flächendeckend:

weit über 0,01 Gew.-% Arsen
weit über 0,1 Gew.-% Blei
über 0,01 Gew.-% Cadmium.

Diese, manchmal ABC-Belastung genannten, Werte sollten einen Pflanzenanbau verbieten. Häufig werden diese Werte jedoch falsch interpretiert und regional verallgemeinert. Auf der wetterzugewandten Westseite Freibergs sinken die ABC-Kontaminationen bereits auf normale oder tolerierbare Werte.

6J Grundwasserbeobachtungsstelle unterhalb Davidschacht-Halden

Koordinaten: ^{45}9670 rechts, ^{56}4420 hoch

Auf einem schmalen Pfad hinauf zu 6K passieren wir am Waldrand ein Rohr. Hier ist eine Bohrung zur Grundwassermessstelle ausgebaut worden. Neben der Messung der Höhe des Grundwasserspiegels können auch Wasserproben entnommen werden, die ihrerseits auf pH-Wert, Schwermetallgehalte und ähnliches untersucht werden können.

Im Umfeld der Bergbau- und Hüttenaltlasten werden damit die unterirdischen Wasser„leitungen“ auf Umweltbeeinträchtigungen hin untersucht. Allerdings findet man solche Beobach-

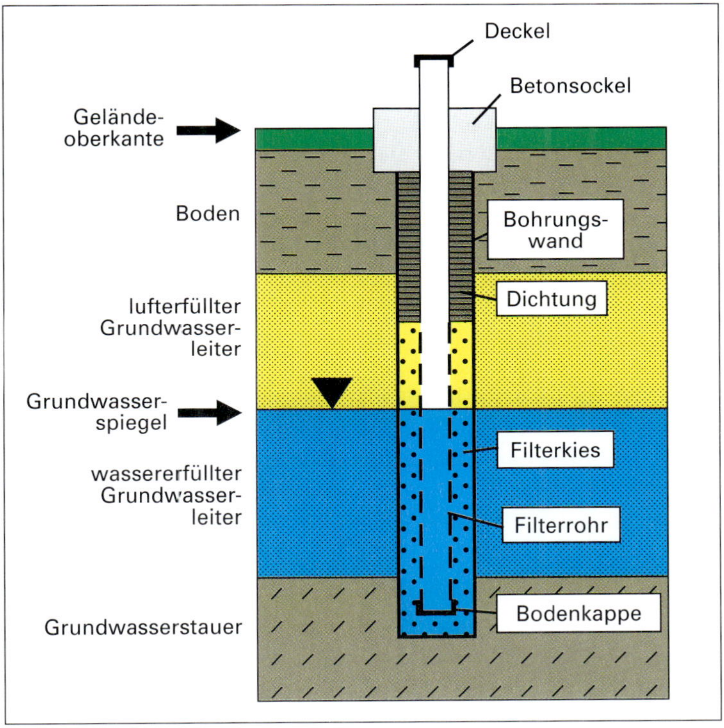

Abb. 73: Prinzipieller Aufbau einer Grundwasserbeobachtungsstelle

tungsstellen allerortens, nicht nur in besonders „verdächtigen" Gebieten. Hydrogeologen behalten so den Überblick über die Mengen und das Fließregime von Grundwasser, als einen Bestandteil des regionalen Wasserhaushaltes.

Grundwasser fließt nicht, wie in Wünschelrutengeschichten berichtet, in Adern. Man unterscheidet **Grundwasserleiter** im Lockergestein, wo das Wasser auf den Zwischenräumen der einzelnen Bodenpartikel (Sandkörner, Kieselsteine, Verwitterungsgrus) entlang fließt und Grundwasserleiter im Festgestein, wo das Wasser bevorzugt auf Klüften und Störungen (z. B. im Gneis) migriert. Gestein, das keine Klüfte, Poren oder Zwischenräume aufweist, wirkt als **Grundwasserstauer**.

Damit man nun das Grundwasser auch beobachten kann, muss die Beobachtungsstelle also im Grundwasserleiter „stehen".

Ein normales Rohr wäre dabei völlig sinnlos, da der Wasserstand nicht ablesbar wäre. Das Beobachtungsrohr braucht demnach Löcher im Grundwasserbereich, weshalb ein so genanntes Filterrohr eingebaut wird. Was noch zum Ausbau einer Grundwasserbeobachtungsstelle gehört, ist Abbildung 73 zu entnehmen (zum Beispiel ein verschließbarer Deckel gegen Neugierige).

6K Halden David Schacht, 1 km nordwestlich Muldenbrücke B173

Koordinaten: ^{45}9650 rechts, ^{56}4430 hoch

Oberhalb des Weges türmen sich mit etwa 3 Mio. m^3 Inhalt die größten Halden des Freiberger Bergbaus. Sie sind Zeuge der letzten bergmännischen Tätigkeit im Revier. Der David Schacht, zu dem die Halden gehören, wurde 1835 abgeteuft und war nach dem Krieg Hauptschacht der Himmelfahrt-Fundgrube bis 1969. Mit 736 Metern drang hier der Freiberger Bergbau am tiefsten vor.

Das Betreten der Halden ist zwar aus sicherheitstechnischen Gründen verboten, aber wir können sicher das eine oder andere Haldenstück am Rande ergattern. Noch lange nach Stilllegung der Grube konnte man hier einen Querschnitt der Gangmineralisationen studieren. Mittlerweile sind Erzminerale sicher die Seltenheit, was nicht nur auf die Tätigkeit von Mineraliensammlern zurückzuführen ist. Der Prozess, den man beim Röstvorgang in der Hütte provoziert, läuft nämlich so ähnlich auch in der Natur ab. Die in den Gängen bei Sauerstoffabschluss gebildeten Erzminerale oxidieren in der Atmosphäre. Dabei wird Schwefel frei- und zu Schwefelsäure umgesetzt. Die (vereinfachte) Reaktion am Beispiel des Pyrits:

$$FeS_2 + O_2 + H_2O \rightarrow FeOOH + H_2SO_4$$

Neben der grundwasserbelastenden Schwefelsäure entsteht das Eisenhydroxid Limonit - nicht mehr und nicht weniger als Rost. Und so sehen auch viele Brocken der Halde aus. Die Gneise erhalten lediglich einen Überzug, Erzbrocken sind tiefgründig in ockerfarbenen Mulm umgewandelt.

Hat man doch noch Glück, Erz in Originalform anzutreffen, ist hier eine kleine Bestimmungshilfe:

metallischer Glanz –> Erz
- a) Farbe eher goldgelb
  - aa) messingfarben, blassgoldgelb
    –> Pyrit (Schwefelkies) FeS_2
  - ab) kräftig goldgelb
    –> Chalkopyrit (Kupferkies) $CuFeS_2$

- b) Farbe eher grau
  - ba) grau, stark metallisch
    –> Galenit (Bleiglanz) PbS
  - bb) dunkelgrau bis schwarz
    –> Sphalerit (Zinkblende) ZnS
  - bc) zinngrau
    –> Arsenopyrit (Arsenkies) FeAsS

Roter Graben

6L

Koordinaten: $^{45}9675$ rechts, $^{56}4450$ hoch

Nach dem Abstieg zurück zum Muldentalweg bemerkt man bald einen „Bach“, der hier den Berg verlässt und dem Muldentalweg folgt. Er fließt aus einem Stolln, den man extra für die Entwässerung der Grubenbaue getrieben hat. **Stolln** enden damit immer übertage am Hang eines Tales und unterscheiden sich so von den horizontalen Strecken im Innern des Bergwerks! Die Austrittsstelle heißt **Stollnmundloch**, künstliche oberirdische Be- und Entwässerungs-Kanäle heißen Gräben (s. Grabentour, Exkursion 3).

Der Rote Graben verdankt seinen Namen den Oxidationsprodukten der Erze, die hier aus dem Berg gespült werden. Auch wenn der Bergbau Jahre zurückliegt, hat er doch lufterfüllte Hohlräume geschaffen in denen ständig Erzminerale herausgelöst und über die hervorragende „Kanalisation“ des Stollensystems (ebenfalls durch den Bergbau hergestellt) abgeführt wird. Somit erhalten wir eine weitere Quelle für die Belastung der Mulde und der ihr nachfolgenden Gewässer.

Laut einer Analyse von 1987 flossen damals täglich 215 kg Zink, 62 kg Mangan und 22 kg Eisen in den Roten Graben.

An der nächsten Brücke überqueren wir die Mulde. Nach etwa 500 m flussabwärts finden wir rechts des Weges den ehemaligen Reicher Trost Stolln.

6M Ehemaliger Reicher Trost Stolln, 500 m südlich Fuchsmühle

Koordinaten: ⁴⁵9670 rechts, ⁵⁶4515 hoch

Vom Stolln selbst ist nichts zu sehen, man kann aber noch hin und wieder ein paar Handstücke der Gangart Schwerspat finden. Die Stücke sind weiß, kristallin und ausgesprochen schwer. Aber sie sind nicht vitrinenreif und sollten daher für den nächsten Besucher liegen bleiben.

Die wichtigsten Gangarten sind:

Quarz	SiO_2
Flussspat oder Fluorit	CaF_2

Abb. 74: Die Benennung der Erzgänge nach ihrem Streichen B und die Bildung von Störungssystemen A

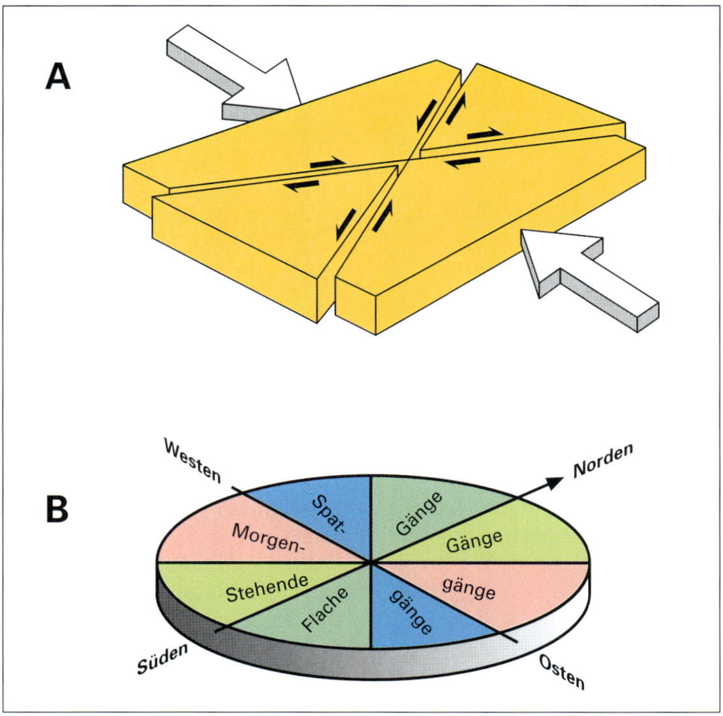

Schwerspat oder Baryt	$BaSO_4$
Kalkspat oder Calcit	$CaCO_3$
Braunspat	$(Mg,Fe)CO_3$

Der Stolln ist auf den Bergbau auf einen Erzgang zurückzuführen, den man Reicher Trost Spat nennt. Sollte man darin die bevorzugte Gegenwart eines der oben aufgeführten Gangarten (Späte) schlussfolgern, so ist man auf dem Holzweg. Die alten Bergleute schufen eine Einteilung der Erzgänge nach der Orientierung ihres Streichens. Solche Gänge, die zwischen W-O und SW-NO streichen, heißen dabei Spatgänge (s. Abb. 74B).

Das Auftreten solcher bevorzugter Richtungen für Spalten und Gänge ist an das Deformationsverhalten fester Körper geknüpft. In einem Spannungsfeld wird quasi die Erdkruste in zwei zueinander gehörige Systeme von Störungen zerknackt (s. Abb. 74A).

Haldenmaterial der Hilligerschen Hütte, 500 m südlich Fuchsmühle

6N

Koordinaten: ^{45}9665 rechts, ^{56}4525 hoch

Gegenüber dem ehemaligen Reichen Trost Stolln etwa 100 m weiter, findet man die Überreste einer alten Hütte, die höchstwahrscheinlich vom 14. bis ins 17. Jh. produktiv war. Somit liegt hier ein Ahne der Muldenhütten und der Hütte Freiberg vor. Vom Hüttenstandort selbst hat zwar wenig die Zeit überdauert, aber die Schlacken beeinflussen nachhaltig die Natur.

Auch nach 300 Jahren konnte hier die Vegetation nicht voll Fuß fassen und lediglich Birken, Heidekraut und Pfeifengras besiedeln die Schlackehalden. Diese Pflanzen dienen den Geochemikern als Standortanzeiger von Schwermetallbelastungen.

In gewisser Weise stehen wir vor einem Langzeitversuch, der uns verdeutlicht, wie lange die Natur mit unseren Industriefolgen zu kämpfen hat.

Werfen wir noch einen Blick auf das künstliche Gestein, die Schlacke, von dem es zwei Varietäten gibt – eine eher plattig mit wenig SiO_2 und viel FeO, die andere kompakt und glasig mit umgekehrtem Verhältnis an Silizium und Eisen.

60 Alter und Tiefer Fürstenstolln, 300 m östlich Straßenbrücke Tuttendorf-Conradsdorf

Koordinaten: ^{45}9655 rechts, ^{56}4590 hoch

Mit dem ständigen Vortrieb des Bergbaus in die Tiefe wurde das Wasser in den Gruben zu einem immer größer werdenden Problem. Stolln wie in 6L schafften Erlösung. Jedoch war der finanzielle Aufwand, einen „Tunnel" bis zum nächsten Flusstal zu graben enorm. So taten sich Besitzer mehrerer Gruben zusammen oder ein Dritter finanzierte den Bau von Stollen, die ein ganzes Grubengebiet entwässern konnten. Sobald der Anschluss vollzogen war, war das Grubengebäude bis zum Niveau des Stollns quasi wasserfrei.

Mit dem System des Alten Tiefen Fürstenstolln, vor dessen Mundloch (das rechte von beiden) wir hier stehen, wurde seit dem 14. Jahrhundert alles Bergwasser oberhalb unseres Standpunktes aus dem Freiberger Revier in die Mulde geleitet. Tiefer

Abb. 75: Die größten Entwässerungsstolln des Freiberger Bergbaureviers

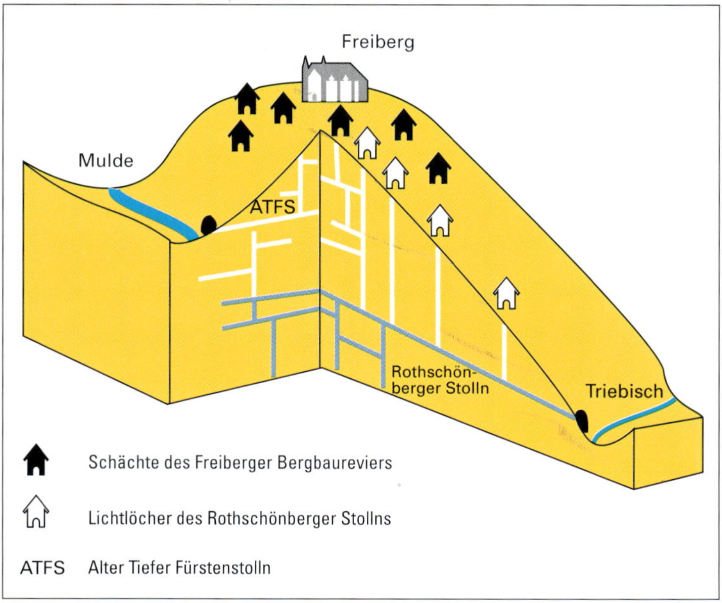

liegende Schächte mussten das Wasser bis auf das Niveau des Alten Tiefen Fürstenstollns heben.

Irgendwann war auch das zu kostspielig und um den Industriestandort Freiberg zu sichern, entschloss sich der sächsische Staat im 19. Jahrhundert sich am Bau eines noch tieferen Stollns zu beteiligen. Zwischen 1844 und 1877 baute man den längsten Stolln des Bergbaugebietes etwa 130 m unter dem Niveau des hier mündenden Alten Tiefen Fürstenstolln. Dieses Niveau schneidet die Geländeoberfläche im Triebischtal bei Rothschönberg, etwa 15 km von hier. Nach diesem Ort bei Meißen erhielt der Stolln seinen Namen (s. Abb. 75).

Der Alte Tiefe Fürstenstolln verlor 1877 mit der Fertigstellung des **Rothschönberger Stollns** seine Bedeutung.

Ab 1877 entwässerte der Rothschönberger Stolln die Grubenfelder von Brand, Freiberg und Halsbrücke. Obwohl der Bau 3 Mio. Mark über dem Plan kostete und 11 Jahre länger dauerte als geplant, gilt er als ingenieurtechnische Meisterleistung. Vor allem beeindruckt die Auffahrung des Stollns von 8 Lichtlöchern her, von denen wir eines aus Exkursion 3 kennen.

An dieser Stelle sei der Besuch des Hauptstollnmundlochs und des Röschenmundlochs des Rothschönberger Stollns im Triebischtal empfohlen. An letzterem verlässt das Wasser der Freiberger Grubenbaue wie ein Überlauf immer noch den Berg. In Spitzen waren es 250 m^3 Wasser pro Minute.

Klar, dass dieses Wasser auch Unmengen Metall aus dem Berg spült. Man rechnet heute mit etwa

200 kg Arsen
100 t Zink und
600 kg Cadmium im Jahr.

Im Vergleich dazu schleppt die Mulde als oberirdischer Entwässerer jährlich nur

40 kg Arsen
30 t Zink und
300 kg Cadmium zur Elbe.

Auch klar, dass in verschiedenen Zeiten über eine elektrolytische Metallgewinnung aus dem Stollnwasser nachgedacht wurde.

6P Aussicht Halsbrücke an der Straße nach Freiberg

Koordinaten: ^{45}9500 rechts, ^{56}4730 hoch

Beim Wandern aus dem Muldental heraus erhalten wir noch einen Überblick über den Berg- und Hüttenort Halsbrücke. Die Grube Beihilfe-Erbstolln war bis 1968, vor allem auf dem Halsbrücker Spat (vgl. 6M), tätig. In ihren besten Zeiten zwischen 1874 und 1900 lieferte sie etwa 7t Silber.

Symbol Halsbrückes und frühes Zeichen des Umweltschutzes ist die so genannte Hohe Esse. Mit 140 Metern Höhe war sie nach ihrem Bau 1888/89 etwa 40 Jahre lang der höchste Schornstein der Welt. Die Ziegeln der Esse sind aus tertiärem Spezialton der Niederlausitz gebrannt.

6Q Ehemaliger Steinbruch gegenüber Kläranlage Münzbachtal

Koordinaten: ^{45}9375 rechts, ^{56}4620 hoch

Wir haben nun das Tal gewechselt und stehen am Bach, an dem sich die Stadt Freiberg bzw. ihr Vorgänger Christiansdorf seit 1168 ansiedelte. Am Münzbach im heutigen Stadtgebiet stand die sächsische Münze, bis sie 1556 nach Dresden geholt wurde (um von 1887 bis 1953 nach Muldenhütten zurückzukehren).

Der ehemalige Steinbruch hier fällt durch seine gestreckte Form mit steilen Nordost- und Südwestflanken auf. Das Gestein erweist sich erwartungsgemäß als Gneis, doch war der sicher nicht das Ziel des Abbaus. Man könnte in Anbetracht der Form auf einen Gang spekulieren, aber mit einem Erzgang liegt man falsch. An einem kleinen Felsvorsprung der Nordostwand kann man den Rest eines Rhyoliths entdecken, der hier offensichtlich Gegenstand des Bergbaus war. Ein vorhandenes Fließgefüge und der Kontakt zum Nebengestein sind exakt parallel zum Abbau. In Feinarbeit wurde hier das vulkanische Material aus dem Gneis getrennt - nicht mehr und nicht (oder kaum) weniger. Mächtigkeit und Streichrichtung des Porphyrgangs lassen sich direkt ablesen.

Durch sein feinkörniges Gefüge ist der Quarzporphyr zäher und widerstandsfähiger gegenüber Verwitterung als der allgegenwärtige Gneis. Solche kleinen, aber leicht zugänglichen

Vorkommen wurden früher sehr häufig ausgebeutet, um lange Transportwege für benötigtes Baumaterial zu vermeiden. Da Transport heute ausgesprochen billig ist, setzt sich dieses Prinzip der Standortoptimierung nicht mehr durch. Obwohl Naturstein-Bergbau Löcher reißt, wäre er doch häufig die umweltverträglichere Alternative zum spritfressenden Herankarren aus fernen Gegenden (wo letztendlich auch nur Löcher entstehen).

Dennoch ist die Steine- und Erdenindustrie in Sachsen der Bergbauzweig Nummer eins und verweist sogar die Braunkohlenproduktion in der Lausitz und um Leipzig auf die Plätze. Nach Angaben des Oberbergamtes gab es 1995 etwa 450 Steinbrüche und Gruben zur Kies-, Sand-, Kalk-, Ton- und Festgesteinsgewinnung, die 62,8 Mio. t im Wert von etwa 700 Mio. Mark produzierten. Der Bergbau ist längst nicht tot!

Kläranlage Münzbachtal 6R

Koordinaten: Münzbachtal 128

Seit 1998 ist diese, gegenüber dem letzten Aufschluss gelegene, moderne Kläranlage für Freiberg in Betrieb.

Schon immer floss alles Freiberger Abwasser durch dieses Tal. Ganz offiziell fungierte der Münzbach seit 1892 als Abwassersammler und seit der Jahrhundertwende existieren Behandlungsanlagen, die jeweils dem Stand der Technik angepasst wurden.

Errungenschaft der neuen Anlage: Im Gegensatz zu einer Reinigungsleistung von 20% vorher, werden jetzt 90% erreicht. Das geschieht, indem man nicht mehr nur die Schwebfracht des Abwassers, sondern auch die Lösungsfracht entfernt, und zwar auf biologischem Wege.

Stratigraphisch-paläontologische Sammlung Humboldt-Bau 6S

Koordinaten: B.-v.-Cotta-Straße 2

Die öffentlich zugänglichen geowissenschaftlichen Sammlungen der TU Bergakademie sind, wie die Geowissenschaft im Freiberg des 20. Jahrhunderts, zweigeteilt.

Die Sammlungen des Humboldtbaus betonen den erdgeschichtlichen Aspekt des Auftretens bestimmter Gesteine. Typische Handstücke werden vorgestellt und mit Profilen und Karten der Zeit ihrer Bildung ergänzt. Fossilien, die meist eine zeitliche Einordnung der Gesteine erst ermöglichen, dürfen dabei nicht fehlen. Als wichtigstes stratigraphisches Hilfsmittel erhalten die toten Tiere und Pflanzen daher auch einen extra Ausstellungsteil.

Leider kann die Sammlung nicht permanent besetzt werden, was eine vorherige Anmeldung, vor allem am Wochenende zwingend notwendig macht.

6T Mineralogische und lagerstättenkundliche Sammlungen Wernerbau

Koordinaten: Brennhausgasse 14

Dieser Teil der geowissenschaftlichen Sammlungen an der Bergakademie ist der stoffbezogene und damit der ursprüngliche und angewandte.

Die **Bergakademie** ist das direkte Ergebnis des Freiberger Erzbergbaus. Im Jahre 1765, nachdem das bergbauliche Wissen zur Wissenschaft avancierte, wurde sie als Forschungs- und Lehreinrichtung gegründet. Geologie war allerdings nur ein Nebenfach der Bergbaukunde. ABRAHAM-GOTTLOB WERNER gilt hier zwar als Urvater der Geologie, aber er war auch Fachmann der Bergbautechnik, der so genannten Kunst. Der Bergmann sollte Minerale und Gesteine erkennen und so ist auch heute noch die Sammlung im Werner-Bau beschreibend ausgerichtet.

Die mineralogische Sammlung rühmt sich die beste der Welt zu sein und tatsächlich ist allein das Ausstellungsvolumen geradezu erdrückend. Wer vor hat, einen Blick auf alle Exponate zu werfen, sollte sich zwei Tage lang nichts anderes vornehmen. In der lagerstättenkundlichen Sammlung kann man alle Vererzungstypen, das heißt die Vergesellschaftung der Erzminerale und Gangarten, nicht nur des Freiberger Bergbaus in voller Pracht studieren.

Zusammenfassung

Diese Exkursion brachte uns zu unterschiedlichen Anwendungsgebieten der Geologie, solchen, die spezifisch für die Region sind und solchen, die heute überall auf der Welt praktiziert werden. Der Einfachheit halber ein Überblick in Abbildung 76.

Besonderer Wert wurde auf die Umweltbelange gelegt, die gern nach dem Schutzgut und seiner Rechtsgrundlage gegliedert werden. Geologischen Bezug hat vor allem der Immissionsschutz, bei dem wir uns vor Einwirkungen (**Immissionen**) von Staub, Lärm usw. schützen, die Folge eines Ausstoßes – der **Emission** – sind. Rechtlicher Kern ist das Bundesimmissionsschutzgesetz (BImSchG). Den Gewässerschutz regelt das Wasserhaushalts-

Abb. 76: Die Anwendungsgebiete der Geologie und die dazugehörigen Aufschlusspunkte der Exkursion 6

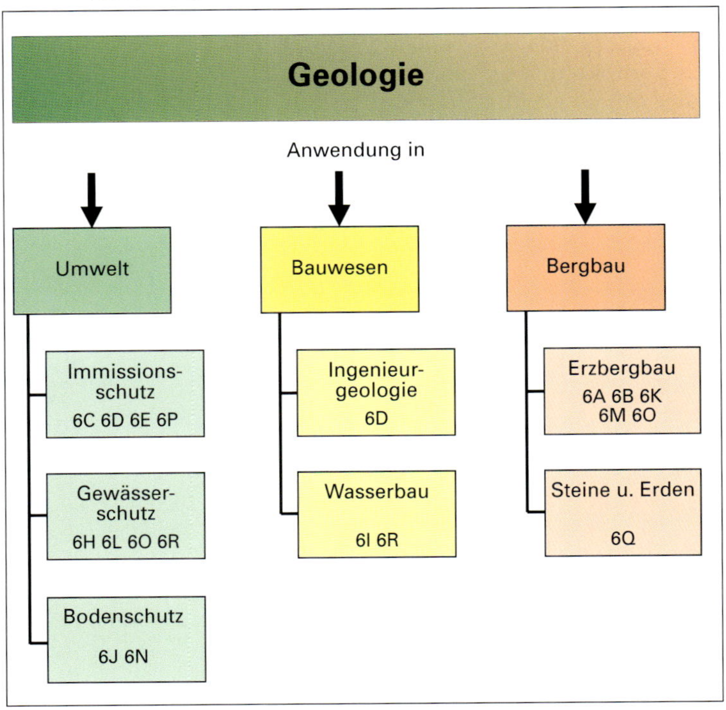

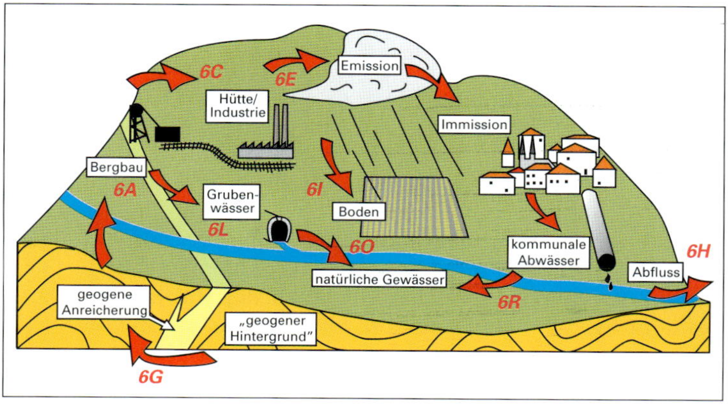

Abb. 77: Mögliche Schadstoffpfade verschiedener Emittenten (Ausstoßer)

gesetz (WHG) und den Bodenschutz das Bundes-Bodenschutzgesetz (BBodSchG). Gemeinsam mit anderen Wissenschaften setzt sich die Umweltgeologie auch mit dem Weg von Schadstoffen auseinander. Solche **Schadstoffpfade** können sehr unterschiedlich, komplex und unübersichtlich sein. Ihre genaue Kenntnis ist daher um so wichtiger für unsere Gesundheit und die unserer Mitbewohner auf unserem Planeten, den Tieren und Pflanzen.

In einer Übersicht sind auch unter diesem Aspekt die betrachteten Aufschlüsse zusammengefasst (s. Abb. 77). Mitaufgeführt sind die relevanten Anlaufpunkte der Exkursion 6.

Einzelaufschlüsse von A bis Z

Einführung

Die behandelten Exkursionen müssen um einige Aufschlüsse in zweierlei Hinsicht ergänzt werden.

Erstens liegen nicht alle *klassischen Aufschlüsse* in der Region um Freiberg auf einer bequemen Exkursionsroute. Solche Aufschlüsse sollen dennoch nicht unerwähnt bleiben, wenn sie

zweitens zur *Vollständigkeit* des geologischen Repertoires dieses Führers beitragen.

Selbstverständlich sind diese Aufschlüsse per Fahrzeug unter sich oder mit anderen Exkursionen koppelbar.

Abb. 78: Ein grober Überblick über die Lage der Aufschlüsse 7A bis 7Z

➔ Routenvorschläge

Wer motorisiert unterwegs ist, dem seien ein paar Empfehlungen gegeben, wie einige der folgenden Aufschlüsse zu kombinieren sind. Man kann sogar soweit gehen, diesen zusammengewürfelten Exkursionen regional-geologische Themen zuzuordnen:

Geologie des Erzgebirges (Teil 1 Mittelerzgebirge):
- 7X Basis des Erzgebirgs-Krustenstapels
- 7A Grenzzone zwischen 7X und 7L
- 7L Vertreter der hochmetamorphen Deckeneinheiten im Erzgebirge
- 7O Morphologie der Erzgebirgstektonik

Geologie des Erzgebirges (Teil 2 Osterzgebirge):
- 7W und 7B markante Gesteine des Osterzgebirges
- 7H Tektonik des Osterzgebirges

Geologie des Erzgebirges (Teil 3):
- 7E Vertreter der hochmetamorphen Deckeneinheiten
- 7F Tektonik im Erzgebirge, Flöhazone

Geologie des Granulitgebirges:
- 7K Gestein des Granulitkerns
- 7U und 7S Umrandung und zur Tektonik des Granulitgebirges

Geologie des Erzgebirgsbeckens (Permokarbon):
- 7C Kohle
- 7Z Vulkanite
- 7V Vegetation
- 7P klastische Sedimente
- 7I Inlandeisgrenze (nicht zu Permokarbon gehörend, aber auf Exkursionsroute liegend)

Es lohnt sich, auch Einzelaufschlüsse mit den vorangegangenen Exkursionen zu kombinieren, zum Beispiel:

Exkursion 1	+ 7G, 7N, 7Q
Exkursion 2	+ 7D
Exkursion 3	+ 7R
Exkursion 4	+ 7P
Exkursion 5	+ 7K, 7S, 7U

Aufschlüsse

Klassische Aufschlüsse, die gleichzeitig das Kriterium erfüllen, Gesteine und geologische Prozesse zu zeigen, die noch in der „Raupensammlung“ fehlen, sind:

Ansprung Fritzschotenbüschel

7A

Kartenmaterial: *TK 25* Blatt 5345 Zöblitz, *GK 25* Blatt 5345 Zöblitz

Koordinaten: ^{45}8840 rechts, ^{56}1270 hoch

Der Aufschluss befindet sich rechts des Weges von Ansprung zur Hüttstattmühle im Pockautal und ist als bewaldete Klippe auf dem Acker leicht auszumachen.

Gut erkennbar ist die Zweiteilung des ehemaligen Steinbruchs in einen liegenden und einen hangenden Teil. Entsprechend der Mineralzusammensetzung aus Feldspat, Quarz und Glimmer sowie der metamorphen Foliation kann allgemein von Gneis gesprochen werden. Im Liegenden ist dieser ausgesprochen feinkörnig und daher relativ plattig ausgebildet.

Im Hangenden ist der Gneis viel gröber und führt unregelmäßige Einlagerungen aus Quarz und Feldspat. Sie werden als Zeichen der hohen Temperaturen gedeutet, denen das Gestein unterlag und wodurch das Material zu schmelzen begann. Weil aber jedes Mineral für sich einen anderen Schmelzpunkt besitzt, schmelzen die einen eher und die anderen später. Hier ist also die Metamorphose soweit gegangen, dass begonnen wurde, Quarz und Feldspat „auszuschwitzen“ (nicht alles aufzuschmelzen!), wobei die hohen Schmelztemperaturen von Glimmer jedoch nicht erreicht wurden. Solche Temperaturen sind mit etwa 600 °C bis 750 °C zu veranschlagen.

De facto erhalten wir ein Gestein, das zum Teil Metamorphit ist, aber zum Teil als Magmatit bezeichnet werden muss, da eine Schmelzphase lokal vorhanden war. Es handelt sich um ein Mischgestein, griechisch **Migmatit**.

Wieso blieb das Gestein im Liegenden von dem Beginn der Aufschmelzung verschont? **?**

Ältere Anschauungen gehen davon aus, dass das Ausgangsmaterial vor der Metamorphose für die „oberen“ und „unteren“

Gneise unterschiedlich war. Unterschiede in den Wassergehalten könnten dann unterschiedliches Schmelzverhalten hervorgerufen haben.

Neuere Ideen stellen für das Hangende und Liegende unterschiedlich starke Deformationen (und damit Kornverkleinerungen, so genannte **Mylonitisierung**) während und nach der Migmatisierung zur Diskussion.

Ein weiteres Gestein findet sich im östlichen Aufschlussteil etwa auf halber Höhe foliationsparallel eingelagert. Diese runden Körper von mehreren Dezimetern Durchmesser bestehen aus einem nicht geschiefertem schwarzen Gestein, dem Amphibolit. Wie der Name schon sagt, besteht er aus Amphibolen, denen vor allem noch Feldspäte beigemengt sind. Sie stellen basische Einlagerungen im Ausgangsmaterial der Gneise, wie etwa einen

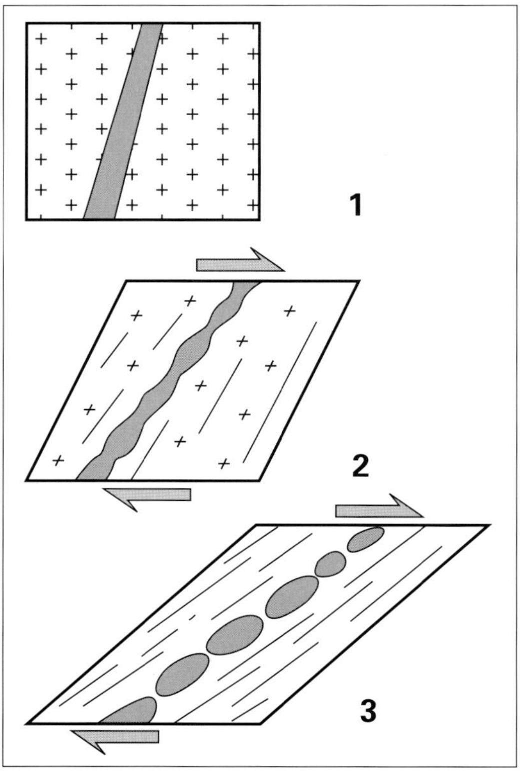

Abb. 79: Entstehung einer Boudinage

basaltischen Gang, dar. Die Deformation des Gesteinsverbandes, die zur Bildung der Schieferung (oder Foliation) führte, erledigte im gleichen Atemzug die Zerstörung des basischen Körpers zu so genannten **Boudins**.

Der Prozess der Boudinierung ist in Abbildung 79 dargestellt. Bei der warmen Zerscherung des Gesteinsverbandes regeln sich die plastischen Quarz-Feldspat-Bereiche neu ein. Die relativ starren (Amphibole haben eine höhere Schmelztemperatur) basischen Körper werden dabei zerrissen und boudiniert.

Burghof Burg Frauenstein

7B

Kartenmaterial: *TK 25* Blatt 5147 Frauenstein, *GK 25* Blatt 5147 Dippoldiswalde-Frauenstein

Koordinaten: ^{53}9720 rechts, ^{56}3095 hoch

Direkt auf dem Burghof in Frauenstein (keine Hämmer!) ist an einer Felswand ein merkwürdiges Gestein zu beobachten, das halb Tiefengestein, halb Vulkanit ist. Vom Vulkanit ist das porphyrische Gefüge vorhanden, jedoch ist die Grundmasse und damit das gesamte Gestein voll auskristallisiert und einem Tiefengestein (Plutonit) zuordenbar.

Als Einsprenglinge sind Feldspäte (zum Teil mit prima Ausbildung der Kristalle) und Quarz vorhanden. Das somit saure Gestein hieße entweder Quarzporphyr (heute besser Rhyolith) als Vulkanit oder Granit als Plutonit. Man fand einen Kompromiss: Der klassische Name des Gesteins ist **Granitporphyr**.

So wie der Name ein „Mischmasch" aus Tiefengestein und Vulkanit darstellt, so ist auch seine Bildung einzustufen. Das Magma kristallisierte nicht in der tiefen Magmenkammer und auch nicht in der Lava an der Erdoberfläche, sondern auf dem Weg dazwischen. Es handelt sich um so genannte **Ganglntrusionen**, die das gesamte Osterzgebirge durchziehen und tektonische Bruchstrukturen umreißen.

7C Cainsdorfer Brücke, Zwickau

Kartenmaterial: *TK 25* Blatt 5340 Zwickau-Süd, *GK 25* Blatt 5340 Planitz-Ebersbrunn

Koordinaten: ^{45}3525 rechts, ^{56}1685 hoch

Von Zwickau-Zentrum nach Zwickau-Cainsdorf reisend überquert man die Mulde in einem Bereich, wo neben paläozoischen Schiefern auch oberkarbonische unmetamorphe Sedimente, Tone und Sandsteine zu beobachten sind. Der Clou: etwas flussaufwärts streicht ein **Steinkohlen**flöz von mehreren Metern Mächtigkeit aus – das einzige übertage in Sachsen. Mit dieser Besonderheit erwarb sich der Aufschluss die Berechtigung zum Einzug in unser Sammelsurium und bildet die westlichste Bastion unseres Exkursionsgebietes.

Der Begriff Steinkohle kennzeichnet einen bestimmten Zustand organischen Materials, nämlich den Inkohlungsgrad. Abgelagertes Pflanzenmaterial verliert unter Druck- und Temperatureinfluss vor allem Wasser, was zur Anreicherung des Kohlenstoffes führt. Man nennt den Prozess **Inkohlung**. Die Stadien der Inkohlungsreihe lauten:

Holz –> Torf –> Braunkohle –> Steinkohle –> Anthrazit –> Graphit (reiner Kohlenstoff).

Dieses kohleführende Karbon war Gegenstand eines langjährigen Bergbaus im so genannten Becken von Zwickau-Oelsnitz, das wie das Döhlener Becken zu den permokarbonen Molassesenken des Variszikums gehört.

7D Dresdner Heide, Saugartenmoor

Kartenmaterial: *TK 25* Blatt 4948 Dresden, *GK 25* Blatt 4948 Dresden

Koordinaten: ^{54}1790 rechts, ^{56}6260 hoch

Vom Gasthaus Heidemühle in der Dresdner Heide ist das Saugartenmoor in 15 Minuten zu Fuß zu erreichen. Am Wegesrand der Alten Acht fällt zunächst der Moorsee unseres östlichsten Aufschlusses auf (s. Abb. 80).

Abb. 80: Der Moorsee des Saugartenmoores in der Dresdner Heide

Moore sind insofern von geologischer Bedeutung, als dass sie den Bildungsraum für brennbare pflanzliche Gesteine, wie Torf und die meisten Kohlen, darstellen. Ausgangspunkt dafür ist ein mehr oder weniger stehendes Gewässer, verbunden mit einer üppigen Vegetation. Ein solches **Flachmoor**, so wie es vor uns liegt, bildet sich in vorgeprägten Geländedepressionen. Hier ist es der Heidesand einer warmzeitlichen Düne, der den Untergrund bildet.

Seit etwa 9000 Jahren werden pflanzliche Überreste darin abgelagert, die aufgrund der schlechten Durchlüftung des Wassers (Sauerstoffarmut) nicht zersetzt werden. Zunächst waren diese organischen Materialien noch mit Ton versetzt und bildeten am Moorgrund die so genannte Mudde. Reineres Pflanzenmaterial darüber wurde im Inkohlungsprozess (siehe 7C) bereits zu **Torf** umgewandelt. Torf enthält im Gegensatz zum frisch abgestorbenen Pflanzenmaterial einen etwa 10% höheren Kohlenstoffanteil.

Die heutige Torfbildung findet vor allem an den Rändern des zentralen Moorsees statt. Mit der Zeit wird die Pflanzensubstanz diesen See auffüllen und die Vegetation das Moor überwuchern. Dann wächst der Moorkörper regelrecht über den Wasserspiegel hinaus. Der Vegetation fehlt es dann an Wasser und Nährstoffen. Das Moor befindet sich im Hochmoorstadium, gekennzeichnet durch seine Aufwölbung und die anspruchslosere Pflanzenvergesellschaftung. Aber das ist für den Saugarten Zukunftsmusik.

Werfen wir noch einen Blick auf das heute Sichtbare. Gut zu erkennen ist die Gliederung der Moorvegetation vom **Moorsee** in der Mitte zum **Bruchwald** in der Umgebung des Moores, von vollhydrischen über feuchte zu trockeneren Standorten hin (s. Abb. 81). Das **Riedmoor** steht dabei mit den „Füßen" völlig unter Wasser - typische Pflanze ist das Schilf. Das **Buschmoor** wird durch die feuchteliebende Erle, hier aber auch aus Kiefer und Birke, gebildet.

Die Art des sich bildenden Torfes hängt dabei maßgeblich von diesem pflanzlichen Ausgangsmaterial ab und auch die Kohlebergleute kennen die „moorfazies"-abhängigen Kohlequalitäten.

In ähnlicher Art und Weise kann man sich also die Kohlensümpfe der Erdgeschichte vorstellen, lediglich mit zwei Unterschieden. Kohlen, die wir heute als solche wahrnehmen, waren nicht an solche Minimoore gebunden, sondern sind freilich wesentlich größer. Häufig waren es ganze Küstenstreifen, die, nach dem Beispiel der Everglades in Florida, in vergangener Zeit vermoorten. Der zweite Unterschied ist der, dass die Pflanzen, die den Torf und die Kohle bilden, im Laufe der Erdgeschichte wechselten. Zur Pflanzengemeinschaft im Karbon/Perm (Steinkohlen in Sachsen) siehe 7V.

Abb. 81: Schematischer Schnitt durch das Saugartenmoor mit seiner geschichtlichen Gliederung von unten nach oben und seiner heutigen Pflanzenvergesellschaftung im Querschnitt

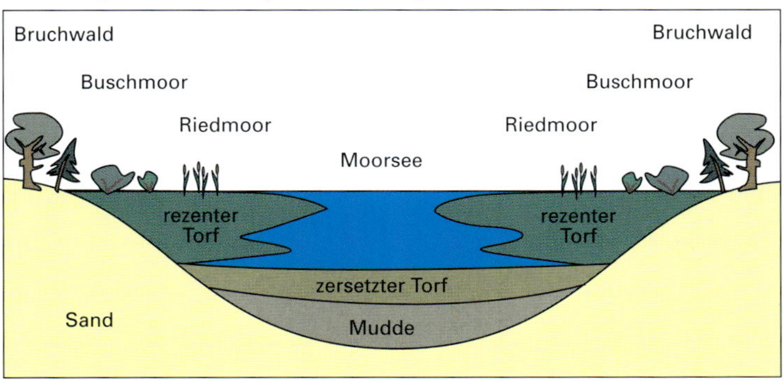

Eppendorf, Eklogitklippen

7E

Kartenmaterial: *TK 25* Blatt 5245 Lengefeld, *GK 25* Blatt 5245 Lengefeld

Koordinaten: ^{45}8800 rechts, ^{56}2755 hoch

In Eppendorf der Ausschilderung nach Borstendorf/Waldkirchen folgend, biegt man in der Nähe des Ortsausgangs in Richtung Reifland ab. Man nimmt jedoch nicht die Chaussee nach Reifland, sondern hält sich weiter links auf der Landwirtschaftsstraße etwa Richtung Südosten. Nach etwa 1,5 km liegt rechts neben der Straße ein kleines Waldstück, das mehrere Gneis-Klippen beherbergt.

Allerdings interessiert uns nicht der Gneis, der nur das Nebengestein für Linsen (oder Boudins, siehe 7A) anderer Natur darstellt. Dieses Gestein besteht optisch nur aus grünem Pyroxen und rotem **Granat**. Eine ähnliche Zusammensetzung finden wir auch in 7L. Jedoch ist der grüne Pyroxen ein anderer als dort, nämlich **Omphacit**. Was wie gesteinskundliche Spitzfindigkeit klingt, ist von außerordentlicher Bedeutung. Omphacit bildet sich nur bei extrem hohem Druck, bei relativ niedriger Temperatur. Dieser Druck, der die Versenkungstiefe repräsentiert, ist nur in **Subduktionszonen** zu erreichen. In diesen Zonen wird die Erdkruste der Ozeane verschluckt (subduziert) und weit in die Tiefe des Oberen Erdmantels gezogen. Dieser Vorgang, so wie er unter den Anden oder unter Japan abläuft, vollzieht sich mit recht hoher Geschwindigkeit (mehrere Zentimeter im Jahr) – so schnell, dass die kalte ozeanische Platte keine Zeit findet sich den Umgebungstemperaturen im Erdinnern anzupassen. Dem hohen Druck steht somit eine (relativ) niedrige Temperatur während der Metamorphose gegenüber. Typisches Gestein dieses Spezialfalls der Regionalmetamorphose ist der **Eklogit**. Er hat ein basisches Ausgangsmaterial, was auch nicht verwundert, da ja ozeanische Kruste vor allem aus Basalt besteht.

Im Zuge noch nicht völlig geklärter Umstände während der variszischen Gebirgsbildung kam dieser Eklogit im Erzgebirge wieder zur Oberfläche und zeugt nun von den gewaltigen Versenkungstiefen während der Subduktion. Petrologen fanden heraus, dass eine Tiefe von mindestens 100 km für unsere Eklogite veranschlagt werden muss. Diese Ergebnisse aus den Erzgebirgs-Hochdruckgesteinen schlagen damit alle, zumindest europäischen, „Tiefenrekorde“.

7F Floßmühle, Klippen an der Flöha

Kartenmaterial: *TK 25* Blatt 5245 Lengefeld, *GK 25* Blatt 5245 Lengefeld

Koordinaten: ^{45}8270 rechts, ^{56}2610 hoch

Südlich Borstendorf tritt in der Nähe des Wehres am rechten Flöhahang eine große Anzahl Klippen zu Tage. Der anstehende Biotitgneis ist migmatitisch (siehe 7A) ausgebildet. Seine unregelmäßigen, aber meist parallel zur Foliation ausgerichteten,

Abb. 82: Bezeichnung von Faltenelementen A und Faltentypen B – D

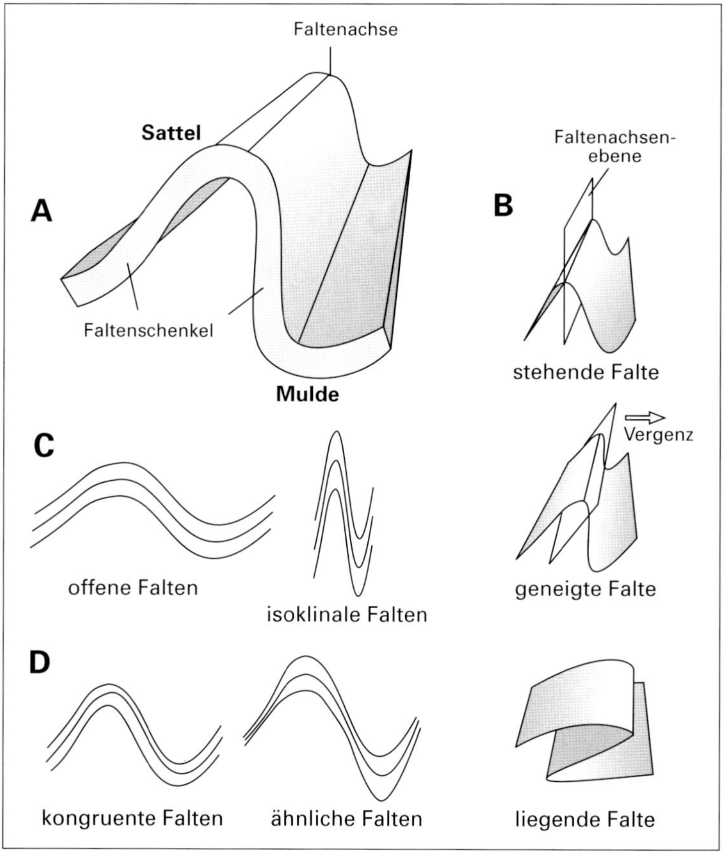

Quarz-Feldspat-Aggregate (**Metatekte**) sind typisch für die Gneise entlang der Flöha von Olbernhau bis Hetzdorf. In dieser so genannten **Flöha-Zone** zeichnen sich die Migmatite auch dadurch aus, dass sie meist mit einer intensiven **Faltung** einhergehen. Die Bildung der Quarz-Feldspat-Teilschmelzen wird damit seit über hundert Jahren mit einer „Durchbewegung“ (Faltung) des Gesteins in Verbindung gebracht. Fraglich ist unter aktueller kritischer Betrachtung, ob diese Metatekte denn überhaupt das Schmelzstadium durchschritten haben oder lediglich durch Festkörperdiffusion entstanden. Aber lassen wir die Theorie und widmen uns in diesem Aufschluss der Faltengeometrie. Die Grundelemente der Falte sind in Abbildung 82A erklärt. Verschiedene Typen ergeben sich aus der Lage der Faltenachsenebene (82B), der Geometrie der Faltenschenkel (82C) oder dem Materialverhalten (82D).

Faltenschenkel und Faltenumbiegung (auch Faltenscheitel oder Faltenachse) sind sicher gut zu erkennen. Die Faltenachse liegt horizontal und streicht (s. Abb. 43) etwa Nordwest-Südost. Damit folgen die Achsen dem generellen Verlauf der Flöha im Erzgebirge. Aus diesem Phänomen leitete man für die Flöha-Zone auch den Begriff Flöha-Synklinale ab. Der Begriff Synklinale bezeichnet eine muldenartige Anordnung von Falten.

Meist sind die Quarz-Feldspat-Metatekte selbst verfaltet worden, was dafür spricht, dass sie älter sind als die Faltung. Manchenorts scheint es aber, als ob in Faltenschenkeln diese Aggregate „ausgeschmiert“ wurden und zum Faltenscheitel hin wanderten, wo sie sich in relativ stressfreien Bereichen ansammeln konnten. An solchen Stellen fällt die Faltung mit der Migration von Quarz und Feldspat zusammen.

Grunder Weg im Tharandter Wald, Bodenprofil

7G

Kartenmaterial: *TK 25* Blatt 5047 Freital, *GK 25* Blatt 5047 Tharandt

Koordinaten: ^{53}9520 rechts, ^{56}4845 hoch

Dieser Schurf (Bodenaushub) am Grunder Weg, etwa 1 km von Grillenburg entfernt, wurde durch die Forstschule Tharandt angelegt um ein typisches Bodenprofil zu verdeutlichen. Bevor wir zum Profil hier kommen, noch etwas Theorie zum Begriff **Boden**.

Abgesehen davon, dass Bauleute und Ingenieure alles mineralische Lockermaterial als Boden bezeichnen, versteht der Geowissenschaftler unter Boden das oberflächennahe Lockermaterial, das aus verwittertem Gestein besteht und mit Humus, Wasser und Luft durchmischt ist. Die Tätigkeit von Organismen, das Sickerwasser, das aufsteigende Grundwasser und einige andere Faktoren führten dabei zur Bildung von **Bodenhorizonten** parallel zur Erdoberfläche. Die klassische A-B-C-Gliederung eines Bodens lautet wie folgt:

A-Horizonte: alle Horizonte mit Humus oder Auswaschungserscheinungen (Kalklösung, Bleichung durch Eisen-Wegfuhr)
= **Oberboden**

B-Horizonte: alle Horizonte mit Ablagerungen des im Oberboden weggeführten Materials (Kalkkrusten, Ortsstein) bzw. Verwitterungshorizonte ohne organische Einflüsse (Verwitterungslehm aus Gneis)
= **Unterboden**

C-Horizonte: anstehendes, mehr oder weniger unverwittertes Ausgangsmaterial, nicht im Zuge von Bodenbildung entstanden

Abb. 83: Idealisiertes Bodenprofil und reales Bodenprofil vom Grunder Weg

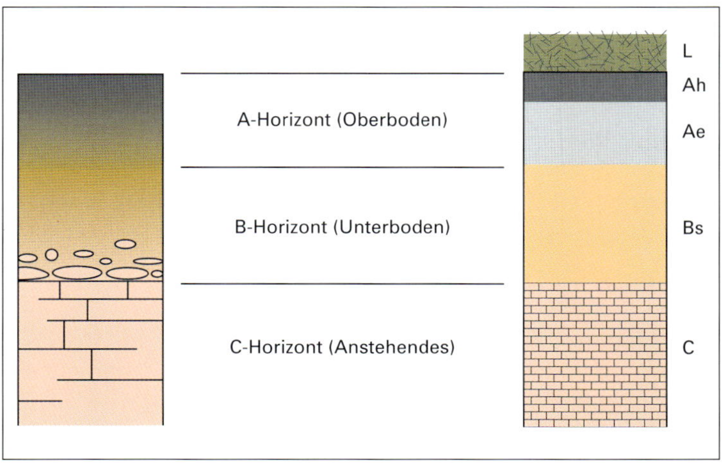

Hier im Profil finden sich zunächst 5 cm wenig umgewandelte organische Substanz, vor allem aus Nadeln und Laub. Sie gehören eigentlich noch nicht zum Boden, da ihnen der per Definition gefordete Mineralanteil fehlt. Es folgt darunter der erste A-Horizont von 3 cm Mächtigkeit. Er ist sandig vom mineralischen Anteil und schwarz vom humosen Part. Der folgende Horizont ist 10 cm mächtig und deutlich blasser als der darüber. Seine graue Farbe verrät dem Fachmann die Bleichung durch Wegfuhr von Eisen. Dieser Horizont ist somit auch ein A-Horizont. Das abtransportierte Eisen kam nicht weit, sondern färbt den darunter liegenden 20 cm mächtigen Horizont braun - ein typischer B-Horizont. Unter ihm befindet sich eiszeitlicher Hangkriechschutt, der somit im engeren Sinne kein Boden mehr ist, da er durch geologische Prozesse und nicht durch Bodenbildung entstanden ist.

Zugegeben, dieses Profil ist kein Paradestück. Solche Eisenverlagerungshorizonte kennzeichnen jedoch den Bodentyp **Podsol**.

Hermsdorf, ehemaliger Marmorbruch

7H

Kartenmaterial: *TK 25* Blatt 5247 Rechenberg-Bienenmühle, *GK 25* Blatt 5247 Nassau

Koordinaten: ^{54}0320 rechts, ^{56}2425 hoch

Von Hermsdorf (südlich Frauenstein) in Richtung Neuhermsdorf und tschechische Grenze fahrend, beachte man eine Linkskurve. Hier steht rechts eine Transformatorenstation einsam auf weiter Flur. Von da aus wandert man ins Tal der Gimmlitz hinunter und findet etwas talaufwärts einen auflässigen Steinbruch mit Phyllit und etwas Weißem.

Widmen wir uns dem weißen Gestein. Es ist zuckerkörnig und ein Salzsäuretest fällt positiv aus. Es liegt damit ein **Marmor** vor - das Gestein, das sich bei Metamorphose, egal wie intensiv, aus einem Kalkstein oder Dolomit bildet. Die Metamorphose führte zur Umkristallisation des ursprünglichen feinen Dolomitmaterials und meistens ist damit auch eine Kornvergröberung verbunden. Häufig werden ursprüngliche Schichtungen und Sedimentstrukturen somit automatisch ausgelöscht.

Der Marmorkörper, der hier im Abbau stand, ist eingelagert in einen Phyllit, das heißt einen relativ niedrig metamorphen Verband. Allerdings war die Deformation recht erheblich, was zum Beispiel aus gelegentlichen Falten ersichtlich wird.

Noch etwas regionale Geologie: Wir befinden uns hier mitten im Osterzgebirge, was dem Eingeweihten die Gegenwart von hochmetamorphen Gneisen verspricht. Nun aber Phyllit?

Es handelt sich um die Phyllitscholle von Hermsdorf-Rehefeld, die bei der Ausarbeitung tektonischer Modelle für das Erzgebirge immer eine wichtige Rolle gespielt hat. Aus einem Wust von sinnigen und unsinnigen Deutungen ist die folgende die wahrscheinlichste.

Wir kennen die Phyllite aus der Umgebung des Erzgebirges. So wie dort in Form einer Zwiebelschale diese Gesteine verbreitet sind, waren sie es sicher auch über dem Erzgebirge, bevor die „Zwiebel" durch Erosion angeschnitten wurde. Im Permokarbon stürzte zuvor jedoch ein Graben im **Osterzgebirge** ein, der die Hangenden Partien des Erzgebirgsstapels hier vor der Abtragung bewahrte. Grund dafür war sicher der Kollaps einer Magmenkammer wie in Exkursion 1 beschrieben. Die Ränder dieses Einsturztrichters könnten im Granitporphyr aus 7B gesehen werden.

71 Inlandeisgrenze Stadtpark Chemnitz

Kartenmaterial: *TK 25* Blatt 5243 Chemnitz Süd, *GK 25* Blatt 5243 Burkhardtsdorf

Koordinaten: ^{45}6410 rechts, ^{56}2960 hoch

Am Südzipfel des Teiches im Chemnitzer Stadtpark befindet sich, von Rhododendron gesäumt, ein Gedenkstein. Dieser „ideelle" Aufschluss gedenkt dem sicher wichtigsten geologischen Ereignis der letzten Millionen Jahre in unserer Region.

Vor etwa zehntausend Jahren schmolzen die letzten **Gletscher** der Skandinavischen Inlandvereisung (vorerst) ab. Damit endet das so genannte **Pleistozän**, das fast eine Millionen Jahre lang für ständige Wanderungen der Tier- und Pflanzenwelt Europas sorgte.

Wir kennen drei Hauptvorstoßepochen des Eises von Norden her, Elster, Saale und Weichsel. In sich ist jedoch jede dieser Einzeleiszeiten noch weiter in viele Vorstoß- und Abtau- (Rückzugs-) phasen gegliedert. Während der zwischeneiszeitlichen Warmzeiten gediehen üppige Sümpfe, und tropische Tiere waren auch in Sachsen zu Hause. Mit den Eisvorstößen wurden die Klimazonen weiter nach Süden verlagert. Lediglich die baumlose Tundra mit kalten Fallwinden ging dem Gletscher voraus, bis er auch unser Exkursionsgebiet überrollte oder besser „überrutschte“.

Der weiteste Vorstoß des nordischen Eises vollzog sich während des ersten so genannten Glazials, der Elster-Eiszeit. Klima-Umschwung und das Relief der Mittelgebirge ließen die Gletscher auf einer Linie Zwickau-Chemnitz-Dresden zum Stillstand kommen. Im flachen Elbtal allerdings gelangte das Eis noch bis Bad Schandau.

Woher weiß man das? ?

Sich bewegendes Eis transportiert alles was sich ihm in den Weg stellt und halbwegs beweglich ist. Findlinge erreichen mehrere Meter Durchmesser und das typische Moränenmaterial (= gletscher-transportiertes Sediment), der Geschiebemergel, enthält feinsten Staub und Tonpartikel. Man muss einfach ein Gestein suchen, dass nur in Skandinavien oder seiner Umgebung zu Hause ist. Dort wo der südlichste Punkt seiner Verbreitung ist, schmolz der am weitesten südlich vorgedrungene Gletscher ab. Ein solches Gestein ist der schwarz-weiß scheckige Feuerstein, den man von der Ostsee kennt. In ganz Deutschland war er vor der Eiszeit außer an der Küste nicht beheimatet. Die Verbindung aller südlichsten Fundpunkte von Feuersteinen nennt sich **Feuersteinlinie**. Und diese Linie ist es, die über dem Umriss der neuen Bundesländer auf der Gedenktafel eingezeichnet ist.

Kaufungen, ehemaliger Steinbruch 7K

Kartenmaterial: *TK 25* Blatt 5042 Burgstädt, *GK 25* Blatt 5042 Penig-Burgstädt

Koordinaten: ^{45}4785 rechts, ^{56}4065 hoch

Am Bahnhof Wolkenburg folgt man dem Weg parallel zu den Gleisen in Richtung Osten. Nach etwa zehn Minuten Wanderung überquert man einen Bach und findet etwas versteckt einen zugewachsenen Steinbruch.

Es steht ein **Granulit** an, wie er typisch für den Kern des Granulitgebirges ist. Er zeigt weniger Umwandlungserscheinungen als in 5 F und führt keine Glimmer. Das Gestein erfüllt damit die Bedingungen der Granulitdefinition: Wasserfreiheit bei der Paragenese Quarz und Kalifeldspat. Hinzu kommen Granat und Disthen / Sillimanit. Der **Disthen**, auch **Kyanit** genannt, ist im Steinbruch in Form stecknadelkopfgroßer himmelblauer Kristalle auszumachen. Hin und wieder erreichen die Kristalle auch einen Zentimeter Länge. Für die metamorphe Gesteinskunde ist der Disthen ein wichtiges Faziesmineral, das zur Bestimmung der Metamorphosebedingungen herangezogen werden kann (siehe 5 F).

7L Lippmannscher Steinbruch, Ansprung

Kartenmaterial: *TK 25* Blatt 5345 Zöblitz, *GK 25* Blatt 5345 Zöblitz

Koordinaten: ^{45}8950 rechts, ^{56}1420 hoch

Von Zöblitz nach Ansprung fahrend fallen links der Straße im Betrieb befindliche Steinbrüche auf. Sie sind an Geländedepressionen geknüpft und deuten damit auf eine geringe Verwitterungsresistenz der anstehenden Gesteine hin.

Dieses weiche Gestein ist der **Serpentinit**, der früher als Schmuck- und Dekorstein, heute vor allem als Schotter gewonnen wird. Er kommt in zehnermeter großen rundlichen Körpern eingebettet in Gneis vor. Solche Körper könnte man als „Mega"-Boudins ähnlich den Amphiboliten in 7 A deuten. Nach Osten hin sind die Vorkommen dieser Serpentinitboudins anhand historischer Abbaue zu verfolgen. Einer dieser alten Abbaue ist der abgesoffene Lippmannsche Steinbruch nördlich Ansprung.

Das Gestein variiert zwischen schwarz und dunkelgrün und führt meist 0,5 bis 1 cm große rote oder graugrünliche Kugeln.

Aber fangen wir bei der Geschichte des Gesteins an. Es handelte sich zunächst um einen tiefenmagmatischen Körper des Oberen Mantels mit sicher 35 km Erstarrungstiefe. In dieser Tiefe ist Quarz in Magmatiten meist nicht mehr vorhanden. Die manteltypischen Minerale Pyroxen und Olivin bilden so genannte ultrabasische Gesteine. Sind sowohl Olivin als auch Pyroxen enthalten, spricht man von **Peridotit**. Die mitauskristallisierten roten Granate geben dem ursprünglichen Gestein den Namen Granatperidotit.

Während der variszischen Gebirgsbildung, als die Gesteine der hiesigen Umgebung zu Gneis umgewandelt wurden, gelangten die Peridotite in flachere Tiefen der Erdkruste. Dabei nahmen die Gesteine Wasser auf und wandelten sich metamorph um. Der Olivin wurde zu Serpentin (ein grünes Mineral, dem Chlorit und dem Ton ähnlich) und verleiht, je nach Umsetzungsgrad, dem Gestein die grüne Farbe und die geringe Härte. Es entstand der Granatserpentinit.

Auch am **Granat** ging der Aufstieg des Gesteins nicht immer spurlos vorbei. Teilweise ist er zu einem Filz aus Chlorit umgewandelt oder er besitzt Umwandlungssäume aus Amphibol und **Spinell** (Magnesium-Aluminium-Oxid, Kelyphitisierung).

Im östlichen Teil des Steinbruchs findet sich ein weiteres Gestein, das in zentimetermächtigen Lagen im Serpentinit eingefaltet ist. Sicher war es im magmatischen Peridotit bereits mit vorhanden.

Es besteht aus lediglich zwei Mineralen, einem roten Granat und einem dunkelgrünen Pyroxen. Solche Gesteine, denen im Gegensatz zum Peridotit der Olivin fehlt, nennen sich **Pyroxenite** (Gesteine aus Olivin ohne Pyroxen heißen Dunit). Der Pyroxenit blieb vom Aufstieg durch die Erdkruste und der Wasseraufnahme verschont. Seine ursprüngliche ultrabasische Mantelzusammensetzung kann hier im Original bestaunt werden.

Meißen Karpfenschänke, auflässiger Steinbruch 7M

Kartenmaterial: *TK 25* Blatt 4846 Meißen, *GK 25* Blatt 4846 Meißen

Koordinaten: ^{46}0050 rechts, ^{56}7400 hoch

Etwa 750 m nordwestlich der Karpfenschänke findet sich am rechten Elbufer ein ehemaliger Steinbruch im **Granodiorit**. Das heißt, dieses Gestein ist einem Granit sehr ähnlich. Es führt Quarz, Feldspat und Glimmer (Biotit), wobei der Quarzgehalt etwas geringer ausfällt und bei den Feldspäten die Plagioklase überwiegen. Der Chemismus ist, verglichen mit dem Granit, somit etwas zum „basischen“ hin verschoben.

Regionalgeologisch gehört dieser Granodiorit, gemeinsam mit dem Monzonit des Plauenschen Grundes (siehe 2E), zum Meißner Intrusionskörper, der als Folge der variszischen Gebirgsbildung im Oberkarbon erstarrte.

Aber noch aus einem anderen Grunde ist der Aufschluss interessant und als nördlichster Anlaufpunkt des vorliegenden Führers gerechtfertigt.

Nach Abtragung des variszischen Gebirges und Freilegung des Meißner Plutons lagerten sich auf dem Granodiorit Sandsteine und Konglomerate des **Buntsandstein**meeres (Trias) ab. Diese wenigen Meter Sedimentgestein sind im Hangenden des Granodiorits deutlich an ihrer Schichtung zu erkennen. In Sachsen stellen Buntsandsteinaufschlüsse eine Seltenheit dar.

Nach diesem zeitlichen Sprung zwischen Karbon und Trias folgt knapp unter der Rasensohle noch eine zweite Diskordanz, nämlich zwischen Trias und Pleistozän, unserer jüngsten Vergangenheit. Auf dem Buntsandstein lagert ein bis zwei Meter mächtiger **Löß**. Dieser Löß ist charakteristisch für das gesamte mitteldeutsche Hügelland (siehe Geographie) und Zeuge der nordischen Vereisung. Noch vor einigen Tausend Jahren bliesen kalte Fallwinde vom **Inlandeis** über das Gletschervorland. Leichtes Material wie Ton, Feinsand und Kalkstaub wurden weggeblasen und in einiger Entfernung vom Eis wieder abgelagert. Mit seinen Ton- und Kalkgehalten stellt der Löß ein gutes Substrat für einen ertragreichen Boden dar.

Der Aufschluss kurz zusammengefasst in einem Profil:

Löß (Pleistozäner Flugsand)
– Diskordanz – (ca. 250 Mio. Jahre Lücke)
Sandstein / Konglomerat (Meeresablagerung der Trias)
— Diskordanz — (ca. 50 Mio. Jahre Lücke)
Granodiorit (Oberkarbones magmatisches Tiefengestein)

Naundorf, Bobritzschtal

7N

Kartenmaterial: *TK 25* Blatt 5046 Freiberg, *GK 25* Blatt 5046 Freiberg

Koordinaten: ^{46}0075 rechts, ^{56}4445 hoch

In der Ortslage Naundorf im Bobritzschtal findet man eine Anzahl ehemaliger Steinbrüche und Klippen. Dort wo man ein

← Abb. 84: Steinbruch nordwestlich Karpfenschänke. Über Granodiorit lagert geschichteter Buntsandstein und eiszeitlicher Löß.

frisches Handstück schlagen kann (und kein Privatrecht übertritt), führt die Diagnose rasch zu **Granit**. Das regellose Gestein birgt genau die richtige Zusammensetzung aus Feldspat, Quarz und Glimmer um diesen Namen tragen zu dürfen.

Nach heutiger allgemeiner Nomenklatur sind die granitischen Gesteine weiter, je nach Mineralzusammensetzung, aufzuteilen. Dem Granit sehr ähnlich finden sich im Repertoire des Exkursionsführers:

Monzonit	2 E
Granodiorit	7 N.

70 Olbernhau, Grabenmorphologie

Kartenmaterial: *TK 25* Blatt 5345 Zöblitz, *GK 25* Blatt 5345 Zöblitz

Koordinaten: $^{45}9000$ rechts, $^{56}1645$ hoch

Am besten ist die Morphologie des **Olbernhauer Becken**s auf halber Höhe der Straßen von Nennigmühle oder Blumenau im Flöhatal nach Sorgau bei Zöblitz zu studieren. Man hat hier von der Südwestflanke des Flöhatales einen Blick Richtung Südosten.

Man erkennt hier die typischen Gegebenheiten eines **tektonisch**en Grabens, das heißt einer von beiden Seiten durch Störungen begrenzten Einsenkungsstruktur (s. Abb. 85).

Der zentrale Einsenkungsbereich ist in einem rezenten (aktuellen) **Graben** völlig eben, da er Ablagerungsbereich junger Sedimente ist und damit keine Festgesteine anstehen die der Erosion widerstehen könnten. In dieser flachen Talsohle befindet sich die Ortschaft Olbernhau. Solche Talsohlen können aber auch durch das Sedimentieren eines Flusses entstehen. Hier kommt die Flöha in Frage.

Weiterhin zeichnet sich ein aktiver Graben durch eine scharfe Abgrenzung der Grabensohle zu den Flanken hin aus. Manchmal ist morphologisch sogar das Phänomen der **Staffelbrüche**, in Form von grabenparallelen Rippen an den Grabenflanken, zu beobachten. Bei genauer Betrachtung sind solche Erscheinungen hier tatsächlich zu entdecken (vgl. Abb. 85).

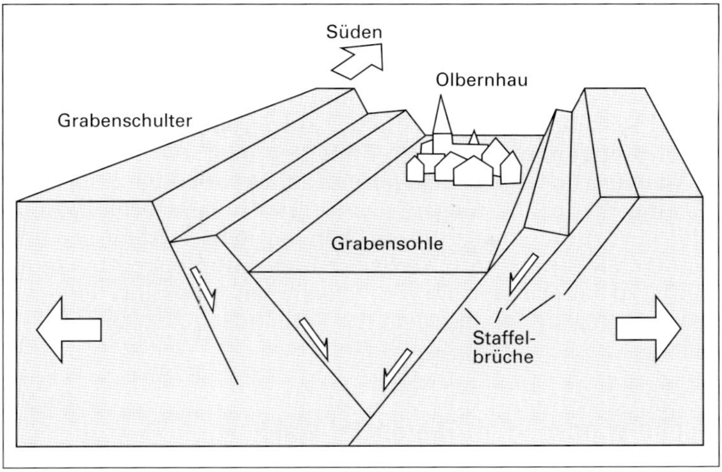

Abb. 85: Skizze zur Grabenmorphologie des Olbernhauer Beckens

So eindringlich die Beobachtung im Gelände scheint - die rezente Grabenaktivität des Olbernhauer Beckens ist nicht gesichert. Sicher ist hingegen, dass der Graben in seiner heutigen (OSO-WNW-) Ausrichtung im Rotliegenden (Perm) angelegt wurde. Das belegen Ablagerungen, einschließlich Steinkohlen, im Olbernhauer Becken. Möglich, dass die Flöha nach dem Ankippen des Erzgebirges im Tertiär diese Sedimente ausräumte und somit lediglich die alte Struktur quasi ausgegraben hat. Auf jeden Fall stellt das Flöhatal zwischen Pockau und Brandov (Tschechische Republik) einen fossilen Graben dar.

Für junge Bewegungen sprechen die warmzeitlichen Torflager um Olbernhau. So wie einst die „Steinkohlen"sümpfe konnten sich auch Moore jüngeren Datums bilden.

Park Hainichen

7P

Kartenmaterial: *TK 25* Blatt 5044 Frankenberg, *GK 25* Blatt Frankenberg-Hainichen

Koordinaten: ^{45}7925 rechts, ^{56}4915 hoch

Der kleine historische Abbau liegt am Rande des Hainichener Parkes, unmittelbar an der Straße nach Freiberg und Oederan.

Um einen Winkel von etwa 45° geneigt, stehen hier klastische Sedimente des höchsten Unterkarbons an. Es handelt sich wie in 4I um den Abtragungsschutt des jungen variszischen Gebirges. Solche Abfolgen nennt man gern **Molasse** (siehe 4I). Der Unterschied zu 4I liegt im Spektrum der Korngrößen.

Von **Konglomeraten** mit zentimetergroßen Geröllen bis hin zu Tonen ist auf wenigen Metern hier alles vorhanden. Die Tone, die eine Art Schieferung aufweisen, jedoch keine echte tektonische Beanspruchung erfuhren, können **Schiefertone** genannt werden. Sie sind grau bis schwarz und mitunter regelrecht als kohlig zu bezeichnen. Damit stellt dieser Aufschluss eine Art Trostpflaster für den dar, dem das Kohleflöz in Zwickau (7C) zu weit ist.

7Q Quelle Warnsdorf im Tharandter Wald

Kartenmaterial: *TK 25* Blatt 5047 Freital, *GK 25* Blatt 5047 Tharandt

Koordinaten: ^{53}9755 rechts, ^{56}4820 hoch

Die **Quelle** ist nur zu Fuß oder per Rad über den Dorfhainer Weg südlich Hartha zu erreichen. Sie liegt in einem flachen Tälchen etwas unterhalb einer 6er-Wegkreuzung.

Quellen sind immer Ausdruck des geologischen Untergrundes und keineswegs Zufall. Sie sind neben der Voraussetzung, dass Wasser überhaupt in der Region vorhandensein kann (und wir uns nicht gerade in der Wüste befinden), an geologische Sachverhalte geknüpft. Einer davon ist die Gegenwart eines Wasserleiters, das heißt eines hinreichend durchlässigen Gesteins (vgl. 6J). Zum anderen muss dieser **Grundwasserleiter**, bzw. der enthaltene Grundwasserspiegel, mit der Geländeoberfläche in Berührung kommen (s. Abb. 86).

Als Grundwasserleiter steht hier im Untergrund ein kreidezeitlicher Sandstein an, der im Tharandter Wald weitflächig ausstreicht (vgl. 1A) und einem Rhyolith (vulkanisches Gestein) aufliegt. Die oberflächennahe Zersatzzone des Rhyolith kann ebenfalls an der Grundwasserleitung beteiligt sein.

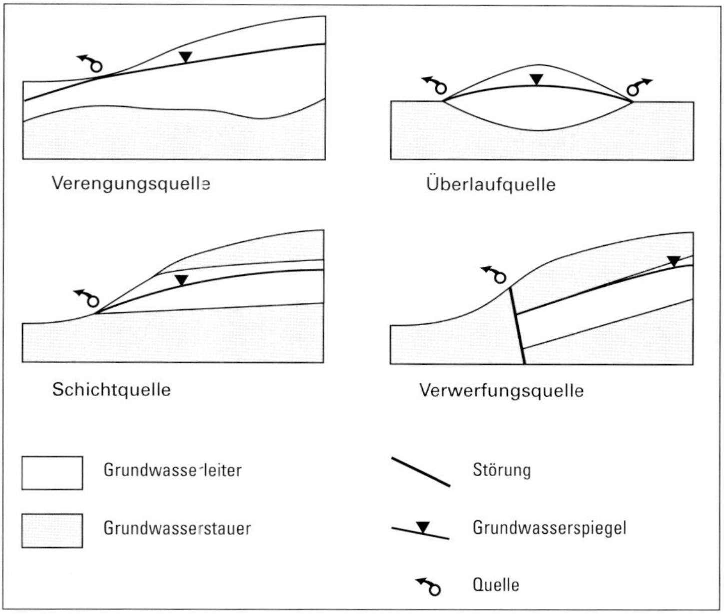

Abb. 86: Vier prinzipielle Arten von Quellen

Roßwein, Alte Kohlenstraße

7R

Kartenmaterial: *TK 25* Blatt 4945 Roßwein, *GK 25* Blatt 4945 Roßwein-Nossen

Koordinaten: ^{45}8415 rechts, ^{56}5995 hoch

Vorm Ortseingang Roßwein, im Muldental aus Richtung Gleisberg kommend, findet man diesen geschützten Aufschluss. Es steht der gleiche Gabbro an, der in 3 E beschrieben wird. Diese Klippe bietet jedoch, besser als der an der Exkursionsroute gelegene Aufschluss, die Möglichkeit das Anstehende zu untersuchen.

Wir wissen, dass der Gabbro mit seinen Plagioklasen und Pyroxenen häufig zum so genannten **Flasergabbro** deformiert wurde. Dass dieser Vorgang in mehreren Etappen verlief, zeigt der Aufschluss hier. Man spricht von polyphaser Deformation, die zur Bildung mehrerer Foliationen („Schieferungen") führen kann.

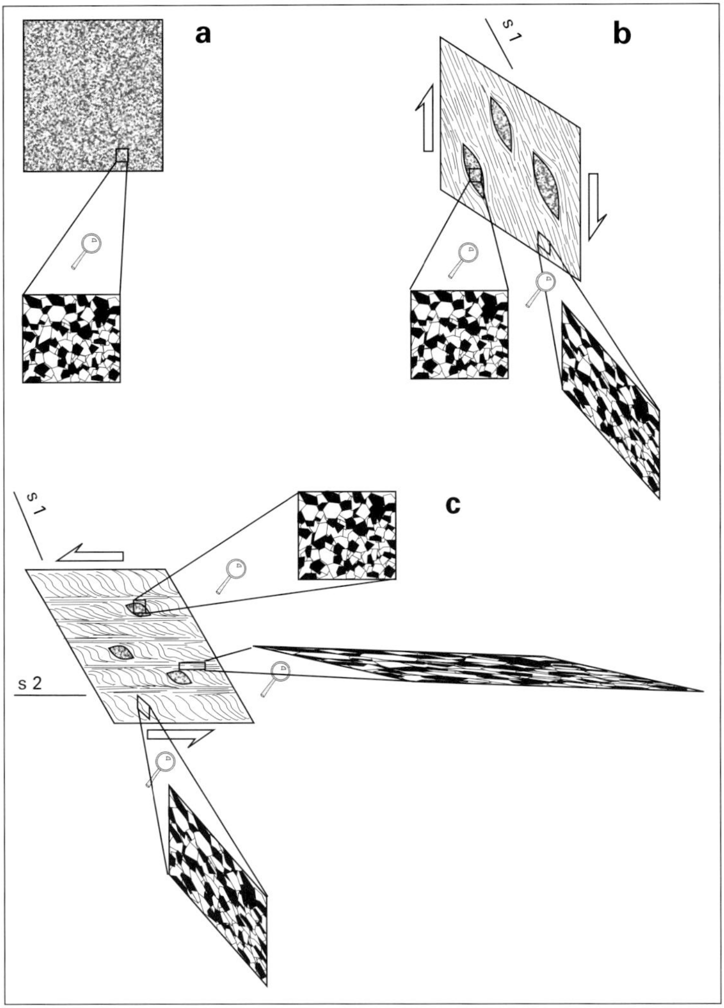

Abb. 87: Die Entstehung des Gefüges im Flasergabbro. Erläuterung siehe Text

Man findet sehr unterschiedliche Erhaltungsstadien des magmatischen Gefüges. Überall ist der Gabbro unterschiedlich stark deformiert worden. An manchen Stellen blieb das Gefüge allerdings auch erhalten.

Bei noch eingehenderer Betrachtung stellt sich folgende Entwicklung heraus.

Zunächst wurde der Magmatit (Ausgangsmaterial: Abb. 87a) von einer Zerscherung erfasst, die das Gefüge lagenweise unterschiedlich stark deformierte. Diese erste Foliation verläuft im Aufschluss heute etwa vertikal (Abb. 87b). Eine weitere Scherung legte eine zweite weitständigere Foliation an, die im Aufschluss von links oben nach rechts unten verläuft (Abb. 87c). In diesen Bahnen wird die erste Foliation verbogen, das magmatische Gefüge aufgelöst und der Gabbro völlig entstellt, so dass man hier von einem **Gabbro-Mylonit** sprechen kann. Ein so deformiertes Handstück wird in Abb. 44b gezeigt.

Söllichaubach nordwestlich Wechselburg

7S

Kartenmaterial: *TK 25* Blatt 4942 Rochlitz, *GK 25* Blatt 4942 Rochlitz-Geithain

Koordinaten: ^{45}5380 rechts, ^{56}5285 hoch

An der Straße Geithain - Burgstädt befindet sich unmittelbar nördlich der nach Wechselburg führenden Abzweigung ein Parkplatz. Von hier aus nehmen wir den 1 km langen Wanderweg (der darüber hinaus zum Rochlitzer Berg führt) entlang der Zwickauer Mulde zur so genannten Eulenkluft. Hier verlässt der Söllichau-Bach die Südabdachung des Rochlitzer Berges und fließt in die Mulde. Direkt neben der Eulenkluft-Schutzhütte finden wir den gesuchten Aufschluss.

Das Gestein wäre prinzipiell als Glimmerschiefer anzusprechen, wenn da nicht die auffälligen Löcher wären.

Bei längerem Hinsehen fällt auf, dass die Löcher nur Überbleibsel eines herausgewitterten Minerals sind. Dieses Mineral ist an vielen Stellen noch auszumachen: kleine zentimetergroße Mineralaggregate, die wie Heugarben aussehen. Tatsächlich geben diese Büschel des Minerals **Andalusit** dem Gestein den Namen **Garbenschiefer**. Zur Bildung dieses merkwürdigen Gesteins müssen wir etwas weiter ausholen.

Bisher haben wir die Form der Metamorphose kennengelernt, bei der ganze Abschnitte der Erdkruste in tiefere Position gelangen und durch erhöhten Druck und Temperatur umgewandelt werden – die Regionalmetamorphose. Eine andere Metamorphose findet statt wenn heiße Magmenkörper im Innern der Erde ihr Umgebungsgestein verändern. Bei dieser Metamorphose ist weniger der Druck von Bedeutung als viel mehr die hohe Temperatur des Magmas. Eine typische Erscheinung dieser, **Kontaktmetamorphose** genannten Umwandlung sind Sprossungen von Mineralen im Nachbargestein. Diese Sprossungen (Blasten) wachsen auf vorhandenen Flächen, wie hier auf den Schieferungsflächen des Glimmerschiefers.

Die Gesteine der Kontaktmetamorphose heißen demnach Knotenschiefer, Fleckschiefer, Fruchtschiefer oder eben Garbenschiefer. Dort wo die Neubildungen das Gestein völlig durchsetzen entstehen Hornfelse.

So weit so gut. Ist denn, so muss die logische Frage lauten, in der Nähe ein magmatischer Körper anzutreffen, der die Kontaktmetamorphose verursacht haben könnte? Die Antwort lautet nein. Erst seit kurzem weiß man, dass der Kern des Granulitgebirges (in dessen Schiefermantel wir hier stecken) selbst für die Bildung der Kontaktmetamorphite verantwortlich ist. Näheres dazu unter 7U!

7T Triebischtal, Kiesgrube

Kartenmaterial: *TK 25* Blatt 4846 Meißen, *GK 25* Blatt 4846 Meißen

Koordinaten: ^{45}9970 rechts, ^{56}6445 hoch

Im Triebischtal bei Roitzschen finden sich neben einer im Betrieb befindlichen Kiesgrube auch ältere Abbaue, die großenteils verrutscht sein können. Das ist auf das Lockermaterial zurückzuführen, welches auf Dauer keine steilen Böschungen zulässt. Von außerhalb des Betriebsgeländes der Kiesgrube Sönitz sind die Flussablagerungen aber sehr gut zu erkennen und mit etwas Material kann man sich ebenfalls versorgen, auch ohne Hausfriedensbruch zu betreiben.

In allererster Linie erlauben diese pleistozänen, also eiszeitlichen Ablagerungen, ein Studium der **klastischen Sedimente**. Sie bestehen aus Bruchstücken (Klast = Bruchstück) älterer Gesteine, die abgetragen, durch den Transport rundgeschliffen und in älteren Bachverläufen der Triebisch abgelagert wurden.

Praktikablerweise teilt man die klastischen Sedimente nach ihrer Korngröße ein. Im Folgenden sind diese Korngrößen tabellarisch mit Bestimmungshilfen aufgeführt:

Blöcke	> 200 mm	
Steine	200 - 63 mm	> Hühnereier
Grobkies	63 - 20 mm	< Hühnereier
Mittelkies	20 - 6,3 mm	
Feinkies	6,3 - 2 mm	> Streichholzkuppe
Grobsand	2 - 0,63 mm	< Streichholzkuppe
Mittelsand	0,63 - 0,2 mm	
Feinsand	0,2 - 0,063 mm	Körner mit bloßem Auge sichtbar
Schluff	0,063 - 0,002 mm	Körner nicht mit bloßem Auge sichtbar
Ton	< 0,002 mm	

Und nun frisch ans Werk und Korngrößen bestimmt!

Unterführung A4 bei Röhrsdorf

7U

Kartenmaterial: *TK 25* Blatt 5143 Chemnitz, *GK 25* Blatt 5143 Chemnitz

Koordinaten: $^{45}5870$ rechts, $^{56}3515$ hoch

Aus Röhrsdorf bei Chemnitz kommend, unterquert man in Richtung Rabenstein die Autobahn A4. Direkt dahinter findet man auf der linken Seite versteckt einige zugewachsene Klippen, die eventuell von einem kleinen Abbau herrühren.

Mit der Ansprache verhält es sich wie in 7S. Es steht ein Phyllit an, der nach genauerer Untersuchung auf den Schieferflächen Flecken zu erkennen gibt. Diese Flecken sind Andalusitkristalle, Spuren einer Kontaktmetamorphose (s. 7S). Das Gestein könnte man als **Fleckschiefer** oder **Fruchtschiefer** bezeichnen.

Hat man genug Schieferflächen bemustert, fällt aber noch etwas auf. Die Andalusit-Minerale sind gerichtet gewachsen, also ihre Längsachsen sind alle parallel. Für eine, eigentlich statisch ablaufende Kontaktmetamorphose ist das ungewöhnlich.

Die Erklärung kann nur sein, dass während die Minerale sprossten, eine Bewegung stattfand, die gleichzeitig diese „Neuankömmlinge“ einregelte. Man ist heute der Auffassung, dass der Granulitkörper, in dessen Schiefermantel wir uns hier befinden, dafür verantwortlich zeichnet.

Nachdem der Granulit in sehr großer Tiefe bei Temperaturen von weit über 800°C metamorphisiert wurde, gelangte er über den Prozess der **Krustendehnung** (zur Extension siehe Zusammenfassung Exkursion 5) zur Erdoberfläche. Solche Prozesse der **Exhumierung** hochmetamorpher Gesteine laufen sehr schnell ab, wie man auch aus Vergleichen mit anderen Regionen der Erde weiß. Das bedeutet, dass die Druckentlastung schneller vor sich geht als die Abkühlung. Der Granulit war demzufolge noch heiß als er mit seinen heutigen Nachbargesteinen in Berührung kam. Eine Kontaktmetamorphose war die Folge.

Was früher bei den Petrologen (Gesteinskundler) unklärbare Fragen aufwarf – Wo ist das erstarrte Magma, das die Kontaktmetamorphose verursachte? – ist heute Stütze aktueller tektonischer Modelle.

7V Versteinerter Wald am Naturkundemuseum Chemnitz

Kartenmaterial: *TK 25* Blatt 5143 Chemnitz, *GK 25* Blatt 5143 Chemnitz

Koordinaten: Chemnitz, Theaterplatz 1

Vorm Naturkundemuseum in Chemnitz sind eine Reihe von versteinerten Bäumen ausgestellt, die seit 150 Jahren aus dem Stadtgebiet Chemnitz zusammengetragen wurden und als Versteinerter Wald bekannt sind.

Diese Stämme rühren von **Farnbäumen**, riesigen **Schachtelhalmgewächsen** und so genannten **Cordaiten** (unseren heutigen Bäumen am nächsten) her, die in der Erzgebirgssenke zu Beginn des **Perm**s vor etwa 290 Millionen Jahren lebten. Der schon des öfteren erwähnte Vulkanismus dieser Zeit brachte für den „Raum Chemnitz“ verheerende Ausbrüche mit heißen Ascheablagerungen (Pyroklastite, s. 7Z). Sie begruben ganze Wälder unter zig Metern vulkanischem Gestein. Das saure, kieselsäurereiche Material lieferte dann auch das SiO_2 mit dem die Hölzer ausgefüllt und die Pflanzenstrukturen teilweise ersetzt, das heißt verkieselt, wurden.

Der Besuch des Museums, das nicht nur geologische Probleme anschaulich behandelt, wird dringend empfohlen. Vor allem für den, der genau über die permischen Wälder von Chemnitz Bescheid wissen möchte, ist es ein Muss!

Weißer Stein nördlich Frauenstein

7W

Kartenmaterial: *TK 25* Blatt 5147 Frauenstein, *GK 25* Blatt 5147 Dippoldiswalde-Frauenstein

Koordinaten: ^{53}9565 rechts, ^{56}3085 hoch

Kurz vor Frauenstein entdeckt man aus Freiberg kommend rechts im Wald eine größere Klippe. Umwandert man diese, dann findet man relativ unverhofft auch noch einen alten Steinbruch, in dem man sich etwas umschauen kann.

Einziges Gestein ist ein splittriger **Quarzit**, ein Gestein also, das lediglich aus Quarz besteht. So ein Quarzit kann auf verschiedene Weise entstehen:

Diaquarzit – entsteht aus einem Sandstein durch starke Verbindung der einzelnen Körner während Diagenese (s. 4 I).

Metaquarzit – entsteht als metamorphes Produkt, ebenfalls aus Sandstein oder als metamorphes Mobilisat.

Magmatischer Quarzit – entsteht durch Auskristallisieren aus Lösungen und Fluiden, die eine magmatische Quelle haben (s. Gangart in 6 B).

Nun stellt sich die Frage, wie wohl dieser Quarzit entstand. Ein Diaquarzit ist auszuschließen, da die gesamte Umgebung (nämlich das Erzgebirge) hochmetamorph ist. Dieser Quarzit setzt sich weiter nach Frauenstein und nach Oberschöna bei Freiberg in Form einzelner Klippen fort. Ein langer magmatischer Gang ist somit zu vermuten. Allerdings liegt dieser Quarzit konform zum lagigen Bau der Gneise. Nimmt man an, dass die Gneise aus Sedimenten entstanden (Paranatur), dann stellen die Quarzite eine metamorph gewordene Sandsteinlage dar. Um die metamorphe (und ursprünglich sedimentäre) oder magmatische Natur zu stützen, wurden bereits viele Beweise ins Feld geführt. Eine endgültige Entscheidung steht bis heute aus.

Abb. 88: Detailfoto der Quarz-in-Quarz-Brekzie vom Weißen Stein bei Frauenstein

Im südlichen Bereich des kleinen Steinbruchs kann man eine Brekziierung des Gesteins erkennen. **Brekzien** sind wie Konglomerate, nur dass die Komponenten eckig und nicht gerundet sind. Das Gestein zerbrach lediglich, ohne dass ein anschließender Transport folgte. Nach dem Zerbrechen „verheilte“ das Gestein, was bedeutet, dass ein Bindemittel das zerbrochene Gestein kittete. In unserem Fall hier war es der Quarz selbst, der zum Zeitpunkt des Zerbrechens mobilisiert wurde und so eine Quarz-in-Quarz-Brekzie bildete (s. Abb. 88).

7X Xenolithe vom Vogeltoffelfelsen

Kartenmaterial: *TK 25* Blatt 5345 Zöblitz, *GK 25* Blatt 5345 Zöblitz

Koordinaten: ^{45}8820 rechts, ^{56}1210 hoch

Auf dem Weg von Ansprung zur Hüttstattmühle ist in einer Straßenbiegung der Aussichtspunkt Vogeltoffelfelsen ausgeschildert. Etwa dreißig Meter unterhalb der Aussicht verläuft, sich durch die Klippen windend, der Pionierweg. Auf diesem alten Wildhüterpfad befindet sich (etwa unterhalb der Aussicht) unser Aufschluss.

Die Zweiteilung der Felswand ist hier offensichtlich und schnell ist im Liegenden ein Gneis und im Hangenden ein Granit erkannt. Die klassische Interpretation ist ebenso schnell erklärt: Wir haben hier den Kontakt zwischen den so genannten **Rotgneisen** (oben) und **Graugneisen** (unten).

Die alte Erzgebirgsgeologie unterschied diese beiden grundlegenden Typen bis Mitte des 20. Jahrhunderts. Die roten Gneise interpretierte man dabei als metamorphe Magmatite (Orthogneise) und die grauen als metamorphe Sedimente (Paragneise). Und an diesem Aufschluss stellte man fest, dass zum Zeitpunkt, als die Rotgneise intrudierten, die Graugneise bereits metamorph und mit Schieferung versehen waren. Der Vogeltoffelfelsen lieferte damit den Beweis, dass im Erzgebirge die Graugneise älter sind als die Rotgneise. Der untere Bereich der Felswand wurde als Gneis-Xenolith innerhalb der granitischen Gneise gedeutet.

Diese Altersabfolge lässt sich heute nicht mehr aufrecht erhalten und in gewisser Weise sogar umkehren. Wir wissen jetzt, dass beide Gesteine (die liegenden und die hangenden) ein und dasselbe Material darstellen, nämlich ein granitmagmatisches Ausgangsgestein. Ob man es glaubt oder nicht, das geochemische Spektrum ist für beide völlig identisch. Damit stirbt zunächst der Irrglaube, dass einem Gneis immer seine Herkunft, Rotgneis oder Graugneis, Ortho oder Para, im „Gesicht geschrieben" steht.

Als während der variszischen Gebirgsbildung alle vorhandenen Gesteine des Erzgebirges in Mitleidenschaft gezogen wurden, erhielten fast alle eine metamorphe Schieferung (Foliation). Fast! Denn für einige reichte die Deformation nicht mehr aus. Einige wenige Ausgangsmaterialien blieben verschont. So auch ein etwa zwanzig Meter mächtiger Bereich im Vogeltoffelfelsen. Als Beweis dient, neben dem Vergleich der Geochemie, die Situation im Grenzbereich beider Gesteinstypen. Man erkennt bereits im „Granit" eine angedeutete Schieferung in Form einer Ausrichtung der Glimmer (Biotit). Zum Liegenden hin nimmt die Intensität zu und es kommt zur Bildung der parallelen **Foliation**. So ähnlich muss man sich die Schieferungsanlage aller Gneise vorstellen.

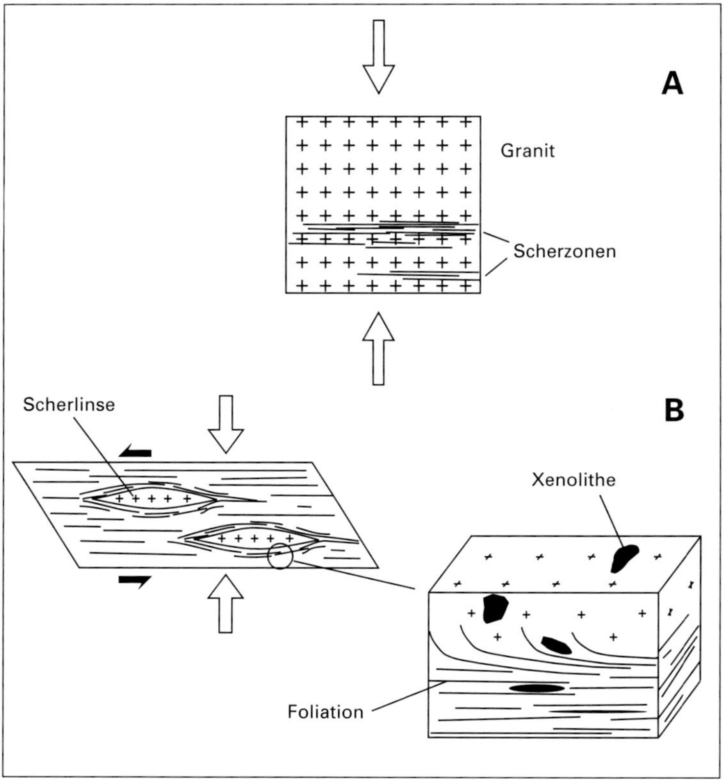

Abb. 89: Entstehung der Verbandsverhältnisse am Vogeltoffelfelsen

Ausgehend von einem granitischen regellosen Gefüge wird das Gestein während der Gebirgsbildung einer zunehmenden Scherung unterzogen (s. Abb. 89A). Dabei legt sich eine Foliation an. An den Rändern zum nicht deformierten Gestein ist diese Foliation „geschleppt". Als Marke für die Intensität der Deformation dienen Xenolithe (s. Abb. 89B).

Wir lernen dabei etwas weiteres Wichtiges. **Metamorphose** und **Deformation** sind zwei verschiedene Dinge. Beide Materialien (im Aufschluss: „oben" und „unten") haben gemeinsam eine Metamorphose unter ein und denselben Bedingungen erfahren. Beide müssen daher Gneis genannt werden. Während der „unten" jedoch von der Deformation erfasst wurde, blieb der

Gneis „oben" von der Verformung und Foliationsanlage verschont. Das viel gepriesene Merkmal der Schieferung als Indiz für metamorphe Gesteine kann trügerisch sein!

Da unter X nun aber **Xenolithe** versprochen wurden und die klassischen gar keine sind, lassen wir den Blick im granitischen Gneis des nördlichen Aufschlussbereiches schweifen. Und tatsächlich wird man einige dunkle Einlagerungen von mehreren Dezimetern Durchmesser erkennen. Sie liefern jedenfalls den Beweis dafür, dass das hangende Material auch wirklich einmal ein Granit gewesen ist.

Zeisigwald Chemnitz 7Z

Kartenmaterial: *TK 25* Blatt 5143 Chemnitz, *GK 25* Blatt 5143 Chemnitz

Koordinaten: ^{45}6800 rechts, ^{56}3570 hoch

Im Zeisigwald Chemnitz, direkt am Ortsausgang Richtung Freiberg gelegen, befindet sich eine große Anzahl auflässiger Steinbrüche, von denen die ehemaligen Ratssteinbrüche als so genannter Märchenwald touristisch erschlossen sind. Die besten Aufschlussverhältnisse bieten jedoch die nördlich davon gelegenen Steinbrüche am Fuchsberg. Sie sind direkt von der B 173 her, in einem fünfminütigen Fußweg durch den wild-romantischen alten Steinbrucheingang zu erreichen.

Man glaubt beim Anblick der Steilwände eine Schichtung zu erkennen, die bei der Handstückansprache zunächst wieder verworfen wird. Denn das Gestein erinnert sehr stark an einen Rhyolith mit seinem porphyrischen Gefüge und der charakteristischen Farbe.

Obwohl es sich bei diesem Gestein tatsächlich um ein saures magmatisches Material handelt, ist der Gedanke der Schichtung nicht ganz falsch gewesen. Wir haben es hier mit dem Typusgestein des Zeisigwald-**Porphyrtuff**s zu tun. Das bedeutet, dass die Lava nicht aus dem ehemaligen Vulkan quoll, sondern unter einem hohen Gasdruck herausgeschleudert wurde. Viele kleine glühende Fetzen schossen in so genannten **Glutwolken** durch die Luft. Besonders feines Material konnte, durch die Gase gepolstert, fast reibungslos die Vulkanhänge hinabsausen. Solche

pyroklastischen Ströme können verheerende Wirkungen auf die Umgebung haben.

Aber Chemnitz war im Perm Gott sei Dank noch nicht menschlich besiedelt und lediglich große Waldflächen wurden bei diesen Ausbrüchen vernichtet (vgl. 7V).

Übersicht zu den gesteinsbildenden Mineralen ➔

Die wichtigsten gesteinsbildenden Minerale

Mineral/ Mineralgruppe	Diagnose		Anteil am Aufbau der Erdkruste (in Masse-%)
Quarz	durchsichtig muschliger unebener Bruch		~ 12 %
Feldspäte	helle Farben undurchsichtig ebene Spaltflächen		~ 58 %
Glimmer	silbrig oder schwarz extrem spaltbar (schuppig)	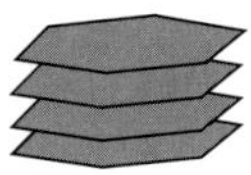	~ 3,5 %
Amphibole/ Pyroxene	schwarz prismatisch	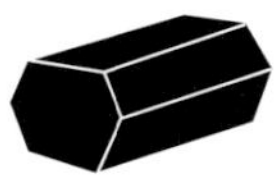	~ 15 %
Tonminerale	nur mit Mikroskop erkennbar als Lockermaterial plastisch	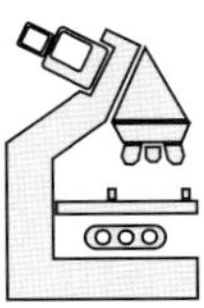	~ 1 %
Calcit (Kalkspat)	Salzsäure-test	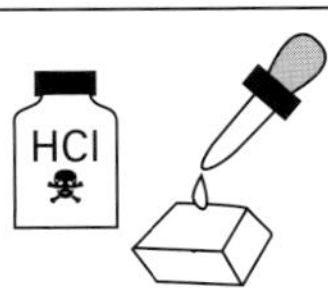	~1,5 % $\sum$ ~ 91 %

Zeitalter		Gesteine in Sachsen	Geologische Einheiten in Sachsen	Ereignisse
Känozoikum	Quartär: Holozän	Flusskiese	Auen	heutige Bodenbildung
Känozoikum	Quartär: Pleistozän	Geschiebelehme und -mergel, Löß Hanglehme	flächige junge Bedeckung	Eiszeiten
Känozoikum	Tertiär	Sande Tone Braunkohlen Basalte	Lausitz Erzgebirge Tharandter Wald	Alpenbildung Öffnung des Nordatlantik Hebung der Erzgebirgs-Scholle
Mesozoikum	Kreide: Ober	Sandsteine Schluffsteine Tonsteine Mergel Kalksteine	Elbsandsteingebirge Tharandter Wald	Vererzung in Gängen
Mesozoikum	Kreide: Unter	—	—	
Mesozoikum	Jura	Kalkstein	Reste bei Hohnstein	
Mesozoikum	Trias	Sandsteine	Reste nördlich Meißen	
Paläozoikum	Perm	Konglomerate Arkosen Rhyolithe Granite	Tharandter Wald Erzgebirgsbecken Döhlener Becken	Superkontinent Pangäa
Paläozoikum	Karbon: Ober	*alle Metamorphite*	*Erzgebirge*	*variszische Gebirgsbildung*
Paläozoikum	Karbon: Unter	Grauwacken Tonschiefer	Schiefergebirge	
Paläozoikum	Devon, Silur, Ordovizium, Kambrium	Tonschiefer Phyllite Diabase Quarzite Kalkstein/ Marmor	Schiefergebirge (Nossen-Wilsdruff, Elbtal, Vogtland, Görlitz, Lößnitz-Zwönitz, Umrandung des Granulitgebirges)	
Präkambrium (Oberproterozoikum)		Grauwacken Granodiorite	Lausitz	Superkontinent Rodinia

Geologische Zeittafel

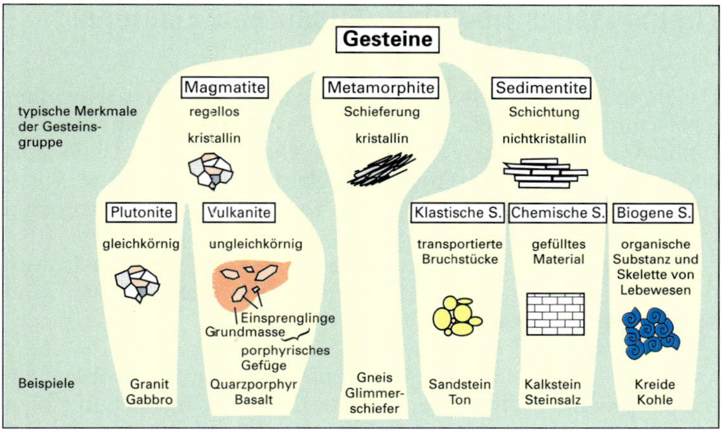

Übersicht zu den Gesteinen

Thematisches Register „Allgemeine Geologie“

Das thematische Register ist wichtiger Bestandteil des Konzeptes des vorliegenden Buches. Es gewährleistet die Auswahl von Aufschlüssen unter einem bestimmten Gesichtspunkt. Gegliedert sind die geologischen Themen nach dem Vorbild einer Vorlesungsreihe „Allgemeine Geologie“ bzw. einem entsprechenden Lehrbuch.

Die Gliederung ist in ihrer Hierarchie stark vereinfacht und die unter den Unterpunkten aufgeführten Schlagwörter sind keineswegs vollständig.

Der Verweis auf die Aufschlüsse kann obendrein nicht völlig komplett sein, da kontinentale Kruste oder Quarz in fast allen Aufschlüssen zu sehen oder diskutierbar sind. In solchen Fällen wird auf jene Aufschlüsse verwiesen, in denen die Begriffe eingeführt werden und wo Paradebeispiele existieren.

Aufschlüsse

Schalenaufbau der Erde

Gesteinsbildende Minerale

	Aufschlüsse
Granat	5F, 7E, 7L
Disthen (Kyanit)	7K
Serpentin	7L
Andalusit	7S, 7U
Nichtsilikate	
Calcit	2F, 2G
Dolomit	7H
in Ausstellungen	6A, 6B, 6T

Gesteine

Sedimente und Sedimentgesteine

Klastische Sedimente (Gesteine aus Bruchstücken, Gliederung nach Korngröße)	
> 63 mm Steine	2F, 4I, 7T
63 - 2 mm Kies	4I, 7T
2 - 0,063 mm Sand/Sandstein	1A, 2F, 7T
0,063 - 0,002 mm Schluff/Schluffstein	1A, 7T
< 0,002 mm Ton/Tonstein, Schieferton	2C, 7C
gerundete und verfestigte Kiese und Steine –> Konglomerat	1A, 2C, 2F, 4I
eckige und verfestigte Kiese und Steine –> Brekzie	1J
Gemisch Ton/Sand –> Lehm	7M
Gemisch Ton/Kalk –> Mergel	2G
Sand nur aus Quarz –> Quarzsand	1A
Sand mit Feldspat –> Arkose	2C
Sand mit Gesteinsbruchstücken –> Grauwacke	4D
Chemische Sedimente (Gesteine durch chemische Fällung entstanden, Gliederung nach Mineralinhalt)	
z.B. Calcit –> Kalk, Kalkstein	2F, 4I
Dolomit –> Dolomit	7H

	Aufschlüsse
Biogene Sedimente (Gesteine aus organischen Resten bzw. durch biologische Tätigkeit)	
z. B. Tierschalen –> Schillkalk	2 G
Pflanzen –> Torf, Kohle	7 C, 7 D
Radiolarien –> Kieselschiefer	5 C

Magmatische Gesteine

Plutonite (Gesteine aus in der Tiefe erstarrtem Magma)	
hoher SiO_2-Gehalt	
↓ Granit	7 N
Granodiorit	7 M
Syenit / Monzonit	2 E
Diorit	
Gabbro	3 E, 7 R
Peridotit / Pyroxenit / Dunit	7 L
geringer SiO_2-Gehalt	

Vulkanite (Gesteine aus an der Erdoberfläche erstarrtem Magma)	
hoher SiO_2-Gehalt	
↓ Rhyolith (Quarzporphyr)	1 B, 3 F, 7 Z
Dacit	
Trachyt / Latit (Porphyrit)	2 D, 4 F
Andesit	
Basalt / Diabas	1 C, 1 I, 3 I, 5 B
geringer SiO_2-Gehalt	

Metamorphe Gesteine

Metamorphose ist die Umwandlung eines Gesteins durch Druck und/oder Temperatur. Desweiteren hängt die Art des sich bildenden Metamorphits vom Ausgangsgestein ab.

Regionalmetamorphite (bei Druck-und Temperaturzunahme)	
Tonschiefer / Phyllit (aus Ton)	1 E, 3 G
Glimmerschiefer (aus Ton)	4 B, 5 E
Gneis (aus Grauwacke oder Granit)	2 A, 4 A, 7 A,7 X
Granulit (aus H_2O-freiem Magmatit)	5 F, 7 K
Marmor (aus Kalkstein)	7 H

	Aufschlüsse
Quarzit (aus Sandstein)	3B, 7W
Amphibolit (aus Basalt oder Mergel)	7A
Migmatit (teilweise Aufschmelzung)	7A, 7F
Grünschiefer (aus Basalt oder Mergel)	4K
Kontaktmetamorphite (bei vorwiegender Temperaturzunahme)	
Hornfels	
Garbenschiefer	7S
Knotenschiefer / Fleckschiefer	7U
Hochdruck-Regionalmetamorphite (bei vorwiegender Druckzunahme)	
Blauschiefer (aus Ton)	
Eklogit (aus Basalt oder Mergel)	7E

Plattentektonik

Grenzen von Lithosphärenplatten	
Mittelozeanische Rücken	3E
Subduktionszonen	7E
kontinentale Orogene	1E, 7F
Transformstörungen	
Kontinentalränder	4D

Exogene Dynamik

Verwitterung	
Physikalische Verwitterung	2C
Chemische Verwitterung	
z.B. Oxydationsverwitterung	6K
z.B. Hydrolytische Verwitterung	1A, 2C
Biologische Verwitterung	1C
Klima	
Humides Klima	1A, 7D
Arides Klima	2C
Nivales Klima	7I, 7M
Böden und Bodenbildung	6I, 7G

Endogene Dynamik

Literatur

Im Folgenden aufgelistet ist diejenige Literatur, die sowohl als Quelle für den Exkursionsführer diente, als auch für weitergehende Studien dem Leser empfohlen werden kann.

BEEGER, D.; QUELLMALZ, W. (1994): Dresden und Umgebung (Sammlung geologischer Führer; 87). Berlin Stuttgart

BENEK, R. (1980): Geologisch-strukturelle Untersuchungen im Tharandter Vulkanitkomplex. Zeitschrift für geologische Wissenschaften, 8, S. 627 - 643

DALZIEL, I.W.D. (1995): Die Erde vor Pangäa. Spektrum der Wissenschaft, März 1995, S. 64 - 71

Geologischer Lehrpfad Freiberg (1986): hrsg. v. VEB Geologische Forschung und Erkundung, Freiberg

GOTTE, W.; SCHUST, F. (1988): Zur Genese erzgebirgischer „Grauer Gneise". Zeitschrift für geologische Wissenschaften, 16, S. 765 - 778

HAUSTEIN, M.; ROEWER, G. (1999): Althüttenstandorte im Erzgebirge - historische Bedeutung und Umweltrelevanz. Bergbau, 50, S. 127 - 130

KLUGE, A.; HOPPE, T.; MIBUS, J.; MARTIN, M. (1998): Schwermetallbelastete Stoffströme im Freiberger Raum. In: Wissenschaftliche Mitteilungen des Instituts für Geologie Freiberg, Sonderheft 7, Beiträge zur Tagung junger Geochemiker 1997, S. 41 - 50

KOSSMAT, F. (1927): Gliederung des varistischen Gebirgsbaues. Abhandlungen der sächsischen geologischen Landesanstalt, 1, S. 1 - 39

KROHE, A. (1992): Krustendehnung im Erzgebirge? - Ansätze zu einem neuen Konzept (Abstract). Zentralblatt für Geologie und Paläontologie, 1/2, S. 180

KRONER, U. (1994): Postkollisionale Extension am Nordrand der Böhmischen Masse - Die Exhumierung des Sächsischen Granulitgebirges. Freiberger Forschungsheft, C 457

KRONER, U.; SEBASTIAN, U. (1997): Der Deckenbau des östlichen Saxothuringikums. Freiberger Forschungshefte, C 470, S. 35 - 52

KRONER, U.; SEBASTIAN, U.; GAITZSCH, B. (1998): Die komplexe Entwicklungsgeschichte des variszischen Orogens am Beispiel des östlichen Saxothuringikums. Freiberger Forschungshefte, C 471 (TSK 7, 25.3. - 29.3. 1998 in Freiberg), S. 117

KUNZ, B.; BEUGE, P.; STARKE, R. (1998): Geochemische Untersuchungen zur Bestimmung geogener Hintergrundbelastung im Einzugsgebiet der Freiberger Mulde. Wissenschaftliche Mitteilungen des Instituts für Geologie Freiberg, Sonderheft 7, Beiträge zur Tagung junger Geochemiker 1997, S. 51 - 67

KUPETZ, M. (1987): Stratigraphie und regionale Stellung des variszisch gefalteten Paläozoikums im Nossen-Wilsdruffer Schiefergebirge. Freiberger Forschungshefte, C 415

LENTSCHIG, S. (1962): Abriß der Geologie des Tharandt-Grillenburger Waldes - Wissenschaftliche Zeitschrift der Technischen Universität Dreden, 11, S. 1 167 - 1 179

MATHE, G.; BERGNER, R. (1977): Stoffbestand und Genese migmatischer Gneise im mittleren Erzgebirge. Zeitschrift für geologische Wissenschaften, 10, S. 1 193 - 1 204

NEUMANN, K., u. a. (1993): Befahrungen. Wanderungen durch das Freiberger Bergbau- und Hüttenrevier, Freiberg

PIETZSCH, K. (1962): Geologie von Sachsen. Berlin

PRESCHER, H. H. (1987): Zeugnisse der Erdgeschichte Sachsens. Leipzig

RÖßLER, R.; SCHNEIDER, J. W.; GAITZSCH, B. G. (1996): Sedimentologie, Fazies und Stratigraphie des Permokarbon im Erzgebirge-Becken. In: Exkursionsführer Sediment '96. Freiberg

SCHEUMANN, K. H. (1932): Über die petrogenetische Ableitung des roten Erzgebirgsgneises. Mineralogische und Petrologische Mitteilungen, 42, S. 413 - 454

SCHMÄDICKE, E. (1994): Die Eklogite des Erzgebirges. Freiberger Forschungshefte, C 456

SEBASTIAN, U. (1995): Die Strukturentwicklung des spätorogenen Erzgebirgsaufstiegs in der Flöhazone - Ein weiterer Beitrag zur postkollisionalen Extension am Nordrand der Böhmischen Masse. Freiberger Forschungshefte, C 461

SEBASTIAN, U.; KRONER, U. (1992): Scherzonenentwicklung kontra Intrusionskontakt - Eine Fallstudie im Mittleren Erzgebirge (Sachsen). Zentralblatt für Geologie und Paläontologie, 7/8, S. 785 - 790

VOIGT, T. (1992): Stratigraphie und regionale Stellung des metamorphen Altpaläozoikums am Nordrand des Sächsischen Erzgebirges. Zentralblatt für Geologie und Paläontologie, 1/2, S. 147 - 156

VOIGT, T.; VOIGT, S.; TRÖGER, K.-A. (1994): Fazies-Entwicklung einer ertrunkenen Felsküste - die obercenomane Monzonitklippe westlich von Dresden. Freiberger Forschungshefte, C 452, S. 23 - 34

WAGENBRETH, O. (1990): Bergbau im Erzgebirge. Leipzig

WAGENBRETH, O.; BECKE, A.; GALINSKY, G. (1986): Der Freiberger Bergbau. Leipzig

WAGENBRETH, O.; STEINER, W. (1985): Geologische Streifzüge. Leipzig

WALTER, R. (1995): Geologie von Mitteleuropa. Stuttgart

Alphabetisches Register

In gleicher Ausstattung im Buchhandel erhältlich:

Spuren suchen – Landschaften entdecken

Gregor C. Falk und Dirk Lehmann (Hrsg.)

BERLIN

Stadtexkursionen

336 Seiten, zahlreiche Abbildungen und Karten

ISBN 3-623-00638-6